A Different World
Through the Eyes of A Designer

透过城市设计师的眼睛
看世界

王明竹　著

影像中 的 城市设计

URBAN DESIGN IN

PHOTOS

中国建筑工业出版社

序

陈 天

天津大学英才教授，城市设计学术带头人

中国城市规划学会第六届理事会常务理事

天津市城市规划学会城市影像专委会顾问

很高兴我的学生王明竹毕业后坚持在城市设计领域深耕的同时，也激发出了旅游和摄影方面的兴趣。在新冠疫情暴发前他能够坚持每年至少一次的出国考察，足迹遍布全球百多个城市，这对忙于项目工作的设计师实属不易。这本《影像中的城市设计》作为他这些年来考察的记录，以城市设计师的眼睛看世界，为读者打开了一扇新的大门。

这是一本跨界的书，关乎城市设计、旅游与摄影。全书以图文并茂的方式，从设计师的视角，直观、幽默地解读了世界知名城市。

这是一本不同于常规城市设计的书。

作者在本书中通篇贯穿城市设计思想，但又不是以纯粹理论的方式展示城市设计思想。对读者来说，书中没有那么多晦涩难懂的专业名词，而是将城市设计方法在照片中直观地体现，以大众能理解的方式去描绘不同的城市空间。例如，对城市街道等公共空间与人的活动相结合的一些解读，多次提出道路贴线率与风雨走廊等人性化设施在城市设计中的应用，可作为国内城市设计中的一些参考。本书可作为城市设计领域的科普读物，适合城市管理者、规划师、建筑师和景观设计师学习参考。

这是一本不同于常规旅游的书。

书中省略了一些大众旅游景点，而是对不同城市的普通公共空间和一些小众旅游目的地进行展示，并在其中加入城市设计师的解读。就像看一座建筑，大众感受到的是直观的美，但是设计师会告诉你什么原因让你感受到美；看一个城市空间，大众感受到舒适、有吸引力、愿意到这里来，而设计师会告诉你这里哪个方面的人性化形成了这个吸引力。

本书可作为旅游领域的游览空间解读，为观光加入一点城市设计的专业解读，让旅途更加印象深刻。

这是一本不同于常规摄影的书。

书中的照片大部分是普通相机和手机拍摄后直接输出，没有经过后期的渲染美化，以纪实的方式真实客观还原实际场景。正如作者所言，有些照片纯粹从摄影角度看可能并不完美，但每一张照片都能体现一个超越观感美本身的主题。将照片与文字解读相结合来看，会发现作者想表达的是摄影与城市空间的关联。本书可作为摄影观赏类书籍，以图片场景的方式带给读者一个更加真实的世界。

目前，中国的城市发展正在从增量建设时代进入存量更新时代，这对城市空间提出了更高的要求。精细化、人性化是未来的趋势。城市作为人的集合，发展的关键是对人才的吸引，怎样塑造更具吸引力的空间是提升城市竞争力的重要议题。本书在以上方面将理论与城市影像相结合，在快餐式阅读的时代，不失为一本推广解读城市设计的好书。

目录

美国

自威利斯大厦（原西尔斯大厦）顶楼俯瞰芝加哥市
在密歇根湖畔的市中心区域采用方格路网高密度聚集，然后向郊区逐渐降低。

芝加哥

▌涅槃重生的城市

在 1871 年的大火烧掉芝加哥整个城区三分之一后，由于缺少统一的规划，导致城市重建进行得杂乱无章，城市面貌日益恶化，公共服务功能低下。

于是，芝加哥市政府在 1909 年委托美国著名建筑师伯纳姆 (Daniel Hudson Burnham) 开展以"芝加哥规划"为主题的"城市美化运动"。伯纳姆也是 1901 年华盛顿特区和旧金山的城市总规划师，主张通过城市公园绿地等公共空间的建设提升城市品质。虽然"城市美化运动"有一定的历史局限性，但就像他在规划中所描绘的，在"芝加哥人已不再对快速增长或大规模城市着迷……而是在思考需要以何种方式生活"的时候，伯纳姆"用规划蓝图拯救了芝加哥的湿地、公园、空地和林荫大道"。

中国城市规划需要芝加哥的伯纳姆经验。

环湖区域利于形成城市群有两个主要的原因：一是历史上村庄或城市聚落的形成依赖于自然条件较好的河流湖泊区域，很多河湖江海周边的鱼米之乡，现在已经成长为现代大都市；二是环湖交通的聚集效应，由于技术成本等限制，水域让本可以直线通过的交通网络汇聚到岸线一侧形成交通枢纽，甚至与水上交通联动。

北美五大湖区拥有全世界五分之一的地表淡水和世界最大的湖运体系。在市场调节和专业化生产的基础上，城市带中逐渐形成密切联系的甚至跨越国界的完整城市体系。芝加哥和多伦多成为湖区综合性大都市；匹兹堡、辛辛那提和底特律成为以某种产业为主导的地方性中心城市；其他中小型城市在周边以特色的产业与大城市主导产业相匹配。

虽然有些工业城市内部由于产业单调正在经历人口流失和经济衰退，但五大湖区作为世界成熟的湖区城市群之一（其他湖区城市群有瑞士日内瓦湖、日本琵琶湖等），仍然值得国内正在发展中的环湖城市群借鉴。

例如，以南昌和九江为龙头，汇集九江、抚州、鹰潭、上饶、景德镇等城市的环鄱阳湖城市群；以合肥为龙头，连接巢湖、芜湖、铜陵、池州、庐江、舒城的环巢湖城市群；以苏州为龙头连接无锡、常州、宜兴、湖州、嘉兴的环太湖城市群；以昆明为中心，连接安宁、晋宁、玉溪、澄江的环滇池城市群。

位于密歇根湖南岸的芝加哥是北美最大的工业物流中心，也是全球最大的会展中心

五大湖区城市群位置

城市之一。其城市自密歇根湖畔向外沿主要廊道展开，分别形成三个产业走廊：向西北沿 90 号高速北段和芝加哥河北支流的产业走廊，并连接至以国际航班为主的奥黑尔国际机场物流区；向西沿 290 号高速和联太铁路的产业走廊；向西南沿 55 号高速和芝加哥河南支流的产业走廊，并连接至以国内航班为主的中途机场。

另外，以 41 号高速和 90 号高速南段为通道连接各城市生活组团。

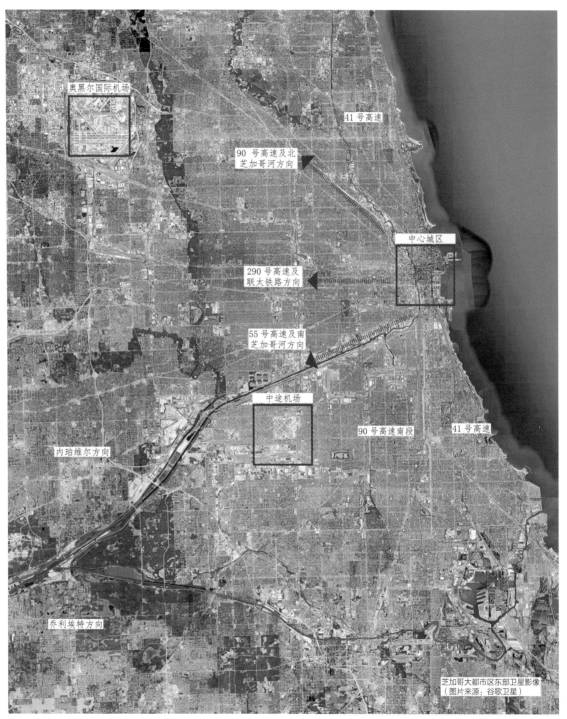

芝加哥大都市区东部卫星影像
（图片来源：谷歌卫星）

芝加哥市域交通廊道

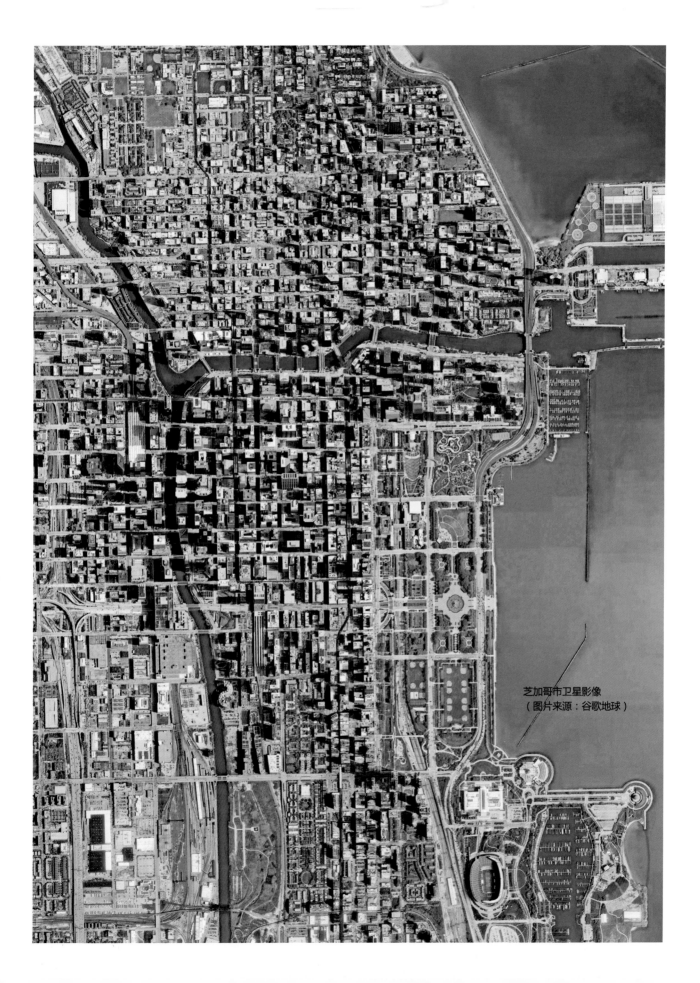

芝加哥市卫星影像
（图片来源：谷歌地球）

拥有独立产权的郊区独立住宅

工业及物流建筑沿铁路或运河布局

社区配套购物中心及学校等设施

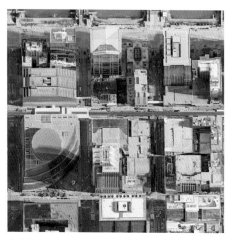

中心城区芝加哥河沿岸以办公为主，混合少量酒店和公寓

以上四幅卫星影像图比例相同，分别展示了从郊区向市中心的肌理变化。

跟北美大多数城市一样，芝加哥的城市边缘也以蔓延的方式生长，工作在中心（downtown），居住在郊区（suburb）。所有出行依赖汽车。从规划角度，这并不是一种低碳可持续的模式，甚至可以说这种田园式的低密度是反城市的。

这也不同于国内的郊区大盘，因为所有社区都是开放的，仅有每家的院墙，没有封闭小区。每两排建筑成一组，中间是安静的以到达为目的的窄街道，两侧是以通行为主稍宽的道路。每家前后都临街——他们住在马路边，我们住在小区内。

当然，全世界只有中国的居住是以"小区"形态为主，这被称为"封闭住区（gated community）"。这里面有复杂的历史和文化原因，各有利弊。

但如果将上述两种形式的优点结合起来，形成位于中心城区的高密度开放居住，这就是北美另一种被称为公寓的居住形式。与拥有土地和空间权、位于郊区的"house"不同，公寓分为拥有产权的"condo"或可出租的"apartment"。这些公寓通常只有一栋或几栋楼，每栋楼通常会像管理一个国家一样，通过普选选出议员（councillor），由议会制定非常详细的居住规范（bylaw）并聘请物业 (strata) 管理。例如，是否允许出租；是否允许饲养宠物或详细规定不允许饲养超过特定体重的某种宠物；不允许室外放超过多少尺寸的花盆；不允许在公共楼梯上放置杂物；甚至有的公寓规范规定超过多少岁不允许再居住在这里。这些规范一旦被通过，执行起来会非常严格。

芝加哥历史上就有重视城市公共空间开发与利用的传统，人们已经认识到公共空间对城市品质和长远利益的重要性。早在 1835 年，在政府的协调下，当时的开发商们就达成协议：在进行土地交易时，预留一部分土地作为城市公共空间。

芝加哥市一直因为它在规划方面的努力而闻名。芝加哥历史上第一部市政规划诞生在 1837 年。

进入 20 世纪后，芝加哥面临城市经济快速增长带来的拥挤、堵车等一系列潜在的社会问题。受政府委托，当时的商业俱乐部请著名规划及建筑师伯纳姆和班奈特制订了"芝加哥规划"。

从密歇根湖看芝加哥市天际线
不同年代的建筑立面多样而统一，但不允许有遮挡建筑立面的广告。

其规划目标是将芝加哥发展成像罗马、伦敦及巴黎一样举世闻名的现代化城市。作为影响芝加哥发展近一个世纪的著名规划，它具有以下的特点：

1. 重视河流景观对城市品质的提升。整治芝加哥河及南北支流，加强密歇根湖与芝加哥河的联系，规划一系列滨水码头等设施。

2. 交通的远见性。在市中心设计上下两层立体的运输系统，分隔开货物运输与城市交通。同时，设计双层桥面连通芝加哥河两岸，加强了两岸的互动连接。

3. 重视街道的商业属性和生活休闲性。纵横的商业大道和放射状的林荫大道汇合于新规划的市政中心。

4. 超前的预见性。对交通枢纽城市芝加哥来说，规划预见了水运将会被铁路及公路运输替代，不必要在滨水区域进行大规模的货运码头等建设，这为湖滨地区作为永久城市公共空间打下了理论基础。

5. 注重环境保护。从密歇根湖沿岸开始形成了全市的公共空间系统。

这些不是现在而是百年前的谋划，我们称之为规划的远见。

建筑可以很高，但地面层一定人性化。芝加哥是一个适宜步行的城市，自行车比较少，道路设计除景区外很少有专用自行车道。美国大部分地区通常把自行车当作健身或休闲而不是通勤工具，研究发现，近一半的美国人不会骑车，这与欧洲和中国有很大的区别。美国是一个生活在车轮上的国家，但城市中心却适宜步行。

市中心典型城市街道
连续的建筑街墙，高贴线率，以及人性化的首层界面。地面上方横向黑色钢构为轻轨捷运。

芝加哥市典型街道场景，大量市民采用步行的方式

马利纳城因形似玉米而被称为"玉米楼"

解决私家车拥堵及停车问题的同时注重公共交通的人性化设计。

左图：1962 年竣工的"玉米楼"（马利纳城）是芝加哥市中心的两栋停车大楼，19 层以下全是停车场，中间镂空部分为洗衣房和设备房，21 ～ 60 层为公寓。

下图：公交车到站倾斜。欧美及日本和澳新的公交车大部分采用到站倾斜的设计。公交车到站点后车辆会向路边倾斜 10° 左右，方便老人、儿童以及轮椅和婴儿车上下。

公交车到站倾斜

伊利诺伊理工大学学生活动中心

　　上图：由著名建筑师库哈斯设计的伊利诺伊理工大学学生活动中心，位于轻轨下方，激活了轻轨两侧的公共空间。绘图软件 Autocad2008 版开机画面也是取自这个角度。

　　下图：芝加哥大学内的罗宾住宅，是"现代建筑的里程碑"，也是第一个使用钢结构的别墅建筑，由著名建筑师赖特设计，成为其草原建筑风格的代表作。

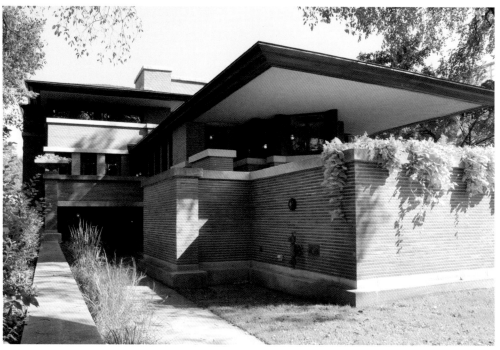

罗宾住宅

伊利诺伊理工大学校园景观
其设计强调宁静中的通透，以草皮和乔木为主。

景观设计中的"海绵城市"
通过局部下沉减缓径流，收集暴雨补充地下水。

布斯商学院主楼

为了协调芝加哥大学校园内不同的建筑风格，布斯商学院举办了建筑设计国际竞赛。

建筑师拉斐尔·维诺里 (Rafael Viñoly) 的设计方案不仅提供了丰富的教学和公共空间，还在建筑空间上补全了两个相邻的地标性建筑——北面赖特设计的草原风格罗宾住宅和西面哥特式的洛克菲勒教堂。

布斯商学院教学楼的伟大之处是从中能看到草原风格的横向退台与哥特式纵向立面的结合，同时它又是现代的，而不是为了协调而仿古的。

纽约

NEW YORK

自帝国大厦（Empire State Building）俯瞰曼哈顿下城区

布隆伯格市长与珍尼特局长

从这样一个角度看纽约：当底特律的汽车工人在流水线上拧螺丝的时候，纽约的服装工人也正在缝纫机前穿针引线。然而，现在两个城市却走上了截然不同的道路。

在 20 世纪 70 年代工业城市衰败的背景下，底特律在工会运动的影响下始终没能摆脱衰败的阴影；然而，纽约却依靠在金融服务领域的转型重新走向复兴。这里面非常重要的一个原因就像谚语所说，"不要只顾低头拉车，更要抬头看路"：充满生产线的底特律从未思考过未来哪些领域能够使城市复兴并带来重要影响；而同时期的纽约、波士顿、米兰却做出了不一样的规划。

要用底特律的眼睛才能更好地看纽约，并且底特律的衰败是可以避免的。

曼哈顿中央公园周边卫星影像
（图片来源：谷歌地球）

自帝国大厦向北看曼哈顿中城和中央公园

曼哈顿下城滨水建筑立面
自哈德逊河看曼哈顿下城不同年代的建筑天际线，这里不允许任何广告招牌遮挡建筑立面本身的美。

时代广场的下午

纽约城市空间近 20 年的发展与转变有两个关键人物起到重要作用：布隆伯格市长和交通局长珍尼特。

右图：时代广场在 2009 年把机动车道压缩后，成为以人为本的城市会客厅，大量市民停留处原先为机动车道。这是布隆伯格市长在听取交通局长珍尼特的建议后对纽约交通和城市空间做出的重大改变之一。珍尼特任期的六年半在纽约把雅各布斯的理论付诸实践。国内知名的《上海市街道设计导则》是在其《全球街道设计导则》一书基础上的中国化。

时代广场前该位置原为机动车道

位于熨斗大厦（Flatiron Building）北侧压缩机动车道后形成的开放空间
照片下方浅黄色广场是把原来的机动车道压缩后形成的室外公共空间。

纽约市在 2014 年提出道路安全"零愿景"（Vision Zero）：即交通事故重伤或死亡为零。该计划的关键原则是事故可以通过设计预防。

《纽约 2050 总体规划》提出：

街道本身就是公共空间，而不仅仅是存放车辆或汽车行驶的地方。

除了发展公共交通与自行车交通外，纽约市重视步行空间的舒适性和安全性。这也是提升城市活力的重要方面。

出行的高步行分担率是纽约的城市特色之一，几乎每 10 次出行中就有 3 次是步行。随着对步行空间需求的增加，市交通部正通过扩大无车或限制机动车的"行人优先街道"来应对这一问题。"行人优先街道"是建立在成功的项目基础上的，如步行广场、共享街道和拓宽人行道，通过在走廊和区域尺度上为人们设计街道。

右图：空间虽窄，但人行空间必须得到保障，公交专用道必须预留（允许其他车辆临时卸货）。除沿街临时停车外，其余车辆全部进入地下或停车楼。

俯瞰曼哈顿街道

曼哈顿街景

　　上图：小街区与绿波交通的结合，在拥挤的曼哈顿却很少堵车。照片中可以看到密集的路口绿灯同时亮。

　　下图：公交专用道以及设置在路口的公交站，方便乘客下车后过马路。而国内的规范不允许在道路交叉口设置公交站，导致了步行的不方便和公交乘客乱穿马路现象的发生。

公交专用道及位于道路交叉口的公交站

右图：高线公园下方老建筑更新为餐饮，并增加雨棚和店外经营空间。

下图：以人活动为主的高线公园与下方的以机动车通行为主的马路形成强烈对比。高线公园是由美国著名景观设计师詹姆斯·科纳主导设计的，把废弃的高架铁路改造为城市公共空间，提升区域土地价值，激发城市活力。

高线公园采用景观都市主义的设计手法　　　　高线公园下方建筑

曼哈顿高线公园

曼哈顿日常街景
与上海陆家嘴不同的是，曼哈顿高楼大厦云集但街道非常人性化，适宜步行，有连续的街墙、高贴线率和开放的首层空间。
这是设计思想由"公园中的高楼"转变为"基座上的高楼"带来的好处。

远眺史蒂文森城

　　曼哈顿岛上仅存的半封闭住宅小区史蒂文森城，被评为全纽约最丑陋的建筑群。"二战"后在建筑师柯布西耶"光辉城市"理论的指导下，采用"公园中的高楼"现代主义设计手法，建设了110座住宅楼。这种类型的建筑在20世纪70年代被爆破了很多，遗憾的是现代主义规划思潮仍然在国内盛行，虽然"现代建筑于1972年7月15日下午3点32分随着圣路易斯城的爆破而死亡"（詹克斯《后现代主义建筑语言》）。

曾经不是城市的城市

华盛顿特区的规划在 1791 年由法国建筑师皮埃尔·查尔斯·朗方（Pierre Charles L'Enfant）设计。其道路框架为方格网加放射状，路网间距约 100 米。

然而，在很长一段时间内，华盛顿特区曾经像巴西利亚、昌迪加尔或堪培拉一样，在人们心中不被认作是"城市"，理论物理学家杰弗里·韦斯特在他的著作中这样描绘曾经的华盛顿："我们只有出于历史或爱国主义的原因或者是我们需要与政府做生意时，才会到访。它了无生机，更像是体积庞大的政府建筑所统治的水泥丛林，映射出的是卡夫卡风格官僚机构的可怕感觉。"

后来，随着城市复兴工作的开展和精细化的设计，特别的是对城市这一空间载体经营管理思想的转变，现在的华盛顿已经进化成多样化、生机勃勃的，能够吸引大量年轻人的真正的城市。原来庞大的都市区现在有了更为弹性多样的经济形态，不再仅仅依赖于政府的就业，街道上充满吸引全球各地年轻人的绝佳餐厅和聚会场所，弱化了曾经冰冷的政府建筑，变成了连简·雅各布斯都羡慕的地方。

这种进化是华盛顿特区城市空间的韧性和城市经营管理理念的转变带来的。

华盛顿

WASHINGTON D.C.

白宫

联合车

越战纪念碑　　　　　宪法公园　　　　　　　国家历史博物馆　史密森博物馆　　国家美术馆　国家美术馆（东馆）　　　　　　最

林肯纪念堂　　　　　　　　二战纪念碑　　　　华盛顿纪念碑　　　联邦政府　史密森学会及美术馆　航空航天博物馆　印第安人国家博物馆　　　国会大厦
朝鲜战争纪念碑　　　国会

杰弗逊纪念堂

林肯公园

华盛顿行政办公区与居住区卫星影像（图片来源：谷歌卫星）
东部居住区与西部行政办公区肌理形成强烈对比。这种职住分离的模式曾经让华
盛顿城市空间呆板单调。超大尺度的轴线空间序列现已成为市民活动的开放空间。

华盛顿特区规划选址的故事与堪培拉类似。

美国建国后，各州对首都的位置发生了争执：北方希望将首都定在纽约；而南方希望将首都定于南方。最终南北双方作出让步，在美国南方离北方不远的地方新建一个城市作为美国的首都。

地理位置是由詹姆斯·麦迪逊和亚历山大·汉密尔顿在托马斯·杰斐逊邀请的一次晚宴上讨论出来的。当时的"联邦城"（the federal city）规划为一个面积 100 平方英里的菱形区域。其位于波多马克河上的实际地点是由华盛顿总统决定的，华盛顿本人还建议称美国首都为"联邦市"。但是 1791 年 9 月 9 日美国首都被命名为华盛顿市。现在美国人实际上从不称这里为"华盛顿"（Washington）而叫作"DC"，以区别于西北部的华盛顿州。

法国建筑师朗方的规划受限于当时的规划思想，并受法国凡尔赛宫的影响。将华盛顿特区作为一个单中心的行政办公区来设计。

华盛顿市的中心大多是政府单位，几乎没有供人居住的住宅，所以多数人都是白天在城里工作，晚上回城外的家，甚至多年以前的华盛顿市中心地区一到夜里都是空城。这也加重了这个城市的拥堵，上午进城堵，下午出城堵，每天都要花一两个小时在堵车上。

华盛顿街景
高贴线率的街墙，以及两进三出非对称式机动车道设计。允许路边临时停车但严禁人行道上停靠以留出店前空间。

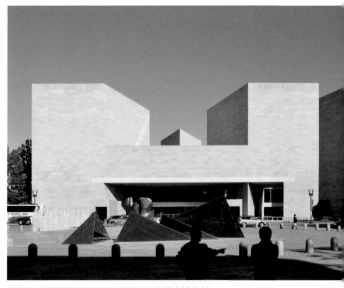

由华人建筑师贝聿铭设计的美国国家美术馆东馆

杰斐逊纪念堂以及作为室外休息空间的台阶

国会大厦前的大草坪是市民休闲活动的公共空间

林肯纪念堂前老兵为市民志愿讲解

华人建筑师林璎设计的越战纪念碑

由华人建筑师林璎（林徽因的侄女）于 1980 年设计的越战纪念碑。林璎的设计曾经引起了广泛的争议。虽然艺术界与新闻界均对她的作品赞许有加，但由于她是华裔，受到种族主义分子和一些越战老兵的抵制。林璎坚持原则据理力争，最终实现了纪念碑的设计理念：

"当你沿着斜坡而下，望着两面黑得发光的花岗岩墙体，犹如在阅读一本叙述越南战争历史的书。"

从美国的民族情感来说，由曾经作为战争对立方的华裔来设计越战纪念碑，这相当于由日本后裔在中国设计抗日战争纪念碑，可以想象当时的难度有多大。

这种文化的开放包容、思维的理性科学、既不忘却过去又尊重当前规则的处理方式，哪怕放到 40 年后的今天仍然值得我们思考。

华盛顿里根国家机场航站楼钢结构内景

迈阿密

MIAMI

经历过美化运动后美国最干净的城市

迈阿密在美国相当于中国的三亚，是世界顶级旅游度假区和富豪置业首选地。

1920 年"城市美化运动"蔓延到迈阿密之后，西班牙建筑师兼开发商乔治·梅里克（George Merrick）在城市西南方规划了一座叫"珊瑚墙"（Coral Gables）的卫星城，作为当时的富人居住社区。珊瑚墙社区内一千多栋独立别墅，都是以西班牙风格为主，但每栋都不相同。社区内有迈阿密大学、教堂、高尔夫球场等公共设施，还有知名的由"二战"期间医院改建的比特摩尔酒店（Biltmore Hotel）。

位于迈阿密河入海口的商务金融区及人工岛（图片来源：谷歌卫星）

迈阿密中心城区沿东海岸南北向展开，大部分为人工填海建成。上图为迈阿密河入海口南侧的金融区和东侧被称为"Brickell Key Island"的人工岛。该岛屿于 1896 年挖河堆土形成，20 世纪 70 年代被太古集团购买后进行整体开发。岛内以豪华公寓为主，另有东方文化酒店，沿环岛健身步道步行一圈仅需 20 分钟。

与上图中心城区相同比例的珊瑚墙社区卫星影像（图片来源：谷歌卫星）

左下角为比特摩尔酒店及高尔夫球场，周边为大量西班牙风格的独立住宅。

珊瑚墙社区内区间支路

珊瑚墙社区内住宅

珊瑚墙社区内住宅

西班牙风格别墅已建成近百年，仍完好

路边绿化以草皮和乔木为主，别墅围墙被限定高度或为绿篱形式，所有院落出入口直接朝向公共街道。

比特摩尔酒店正立面

比特摩尔酒店建成于 1923 年，"二战"期间作为医院使用，曾多次在美国电影镜头中出现。该酒店被评为"美国国家历史地标"。

比特摩尔酒店室外空间

比特摩尔酒店大堂内景

基韦斯特街景 1
基韦斯特（Key West）位于美国最南端，其城市空间有明显度假城市的特点。街道边有连续为旅游服务的店铺。

基韦斯特街景 2
经过合理布局的店外经营，预留出行人通行空间。

基韦斯特街景 3
没有商业的背街小巷做路边临时停车，并在路口做路沿石收窄处理。

仿造的埃菲尔铁塔是拉斯韦加斯巴黎酒店的室外观景塔，也是城市地标

拉斯韦加斯

LAS VEGAS

赌博不是主导产业

作为世界最大赌城之一，拉斯韦加斯城市空间被酒店和赌场占据，甚至为了吸引眼球仿制了埃菲尔铁塔和凯旋门等世界知名建筑。

拉斯韦加斯通常被认为以赌博为主导产业，但它实际是一座以赌博为中心，集旅游、购物、休闲于一体的世界知名度假城市，拥有"世界娱乐之都"和"结婚之都"的美称。每年来拉斯韦加斯旅游的近四千万旅客中，来购物和享受美食的占了大多数，专程来赌博的只占少数。

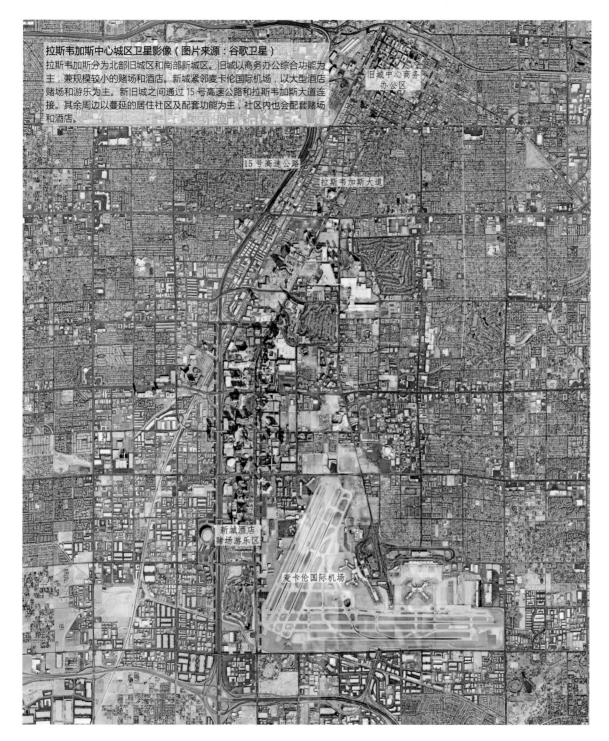

拉斯韦加斯中心城区卫星影像（图片来源：谷歌卫星）

拉斯韦加斯分为北部旧城区和南部新城区。旧城以商务办公综合功能为主，兼规模较小的赌场和酒店。新城紧邻麦卡伦国际机场，以大型酒店赌场和游乐为主。新旧城之间通过15号高速公路和拉斯韦加斯大道连接。其余周边以蔓延的居住社区及配套功能为主，社区内也会配套赌场和酒店。

旧城中心商务办公区

15号高速公路

拉斯韦加斯大道

新城酒店赌场游乐区

麦卡伦国际机场

拉斯韦加斯能够在沙漠中快速地发展主要有以下几个原因：

1. 交通枢纽。美国联合太平洋铁路于 1888 年修到该区域，拉斯韦加斯成为铁路交通枢纽。

2. 人口吸引。20 世纪初发现黄金后，淘金者迅速涌入。

3. 淡水供给。胡佛水坝的修建，解决了沙漠中城市快速发展的水资源问题。

4. 政策支持。1931 年，内华达州赌博合法化议案通过。

拉斯韦加斯街道夜景
作为消费旅游城市的室外商业及灯光，总体设计原则是"见光不见灯"，
LED 大屏幕广告需要严格审批。

威尼斯人酒店内部运河
酒店和赌场的内部空间比外部公共空间更有活力。

威尼斯大酒店室内灯光
酒店室内灯光设计，统一中有变化。

棕榈泉

PALM SPRING

因健康而建的城市

棕榈泉位于科罗拉多沙漠边的度假区，距离洛杉矶约 150 公里。1884 年，一位叫约翰·格斯理·麦卡伦（John Guthrie McCallum）的法官，为了给他有肺结核的儿子寻求健康的环境，收购了科切拉（Coachella）山谷下的这片土地，并在当时花费六万美元修建引水渠。这项工程直接带来了科切拉山谷农业的蓬勃发展和度假休闲产业的崛起。

引水渠与度假酒店卫星影像（图片来源：谷歌卫星）
卫星图中间为引水渠。两侧布局形态各异的度假酒店或低密度独栋住宅，公共绿地兼作高尔夫场地。

棕榈泉牧场（Omni Rancho Las Palmas）度假村
开放式独栋度假酒店紧邻引水渠，水渠为季节性，这一段水渠大部分时间作为高尔夫球场使用。

兰乔海市蜃楼（Rancho Mirage）社区购物中心
社区中心的外摆让城市空间和室内商业连接起来。

度假区景观 1
度假区内部的景观设计最大程度地遵循自然，虽为人工设计，但看不到人工的痕迹。景观水系下有防渗膜，岸线自然化处理。

紧邻引水渠的联排度假酒店

度假区景观 2
社区内部的绿洲与远处的戈壁形成强烈对比。

旧金山

▍美国的"深圳"

如果将中美城市类比一下：纽约对应上海，是金融经济中心；华盛顿对应北京，是政治文化中心；旧金山对应深圳，是科技创新中心。

与同为加州西海岸的大城市洛杉矶比较一下的话，旧金山会显得更加精致，而洛杉矶或许可以对应中国的广州或重庆。

金门大桥

Salesforce 客运枢纽

旧金山市中心局部卫星影像（图片来源：谷歌卫星）
旧金山市中心在金门大桥交通干线一端紧邻东侧港口和南侧的火车站，采用小街区密路网的布局和紧凑高强度的开发。卫星图中央绿色长条部分是佩里事务所设计的 Salesforce 客运枢纽综合体。将交通、商业、艺术、公园等复合功能融为一体置于城市核心位置，并成为城市重要的人气景点。未来，客运中心将包含 11 个公共交通系统及高速铁路系统，成为城市周边、州内城际乃至国家级的连接枢纽。

旧金山是高水平规划局长带领下的美国第一个总体城市设计。

就像伯纳姆对于芝加哥，布隆伯格市长和珍尼特局长对于纽约，朗方对于华盛顿的影响一样，阿伦·雅各布斯（Allan B. Jacobs）对于旧金山的城市设计起到关键作用。

现任教于伯克利大学的阿伦·雅各布斯教授曾于 1968-1975 年在旧金山规划部工作。在他主导下于 1968 年成立城市设计小组，并于 1971 年聘请埃德蒙·培根 (Edmund N.Bacon) 编制《旧金山城市设计大纲》，这是全美第一个全市性的总体城市设计，并首次提出城市设计导则（Urban Design Guidelines）这一概念，将设计计划转化为设计导则，纳入城市总体规划。

当时的旧金山城市设计以城市紧凑发展与功能协调为原则，确定沿港口、火车站等重要交通枢纽采用高强度的开发（类似于现在的 TOD 模式），并制定建筑与山体的"山形（峰）"或"碗形（谷）"天际线关系。设计导则同时注重历史建筑和街区的保护，以及街道和建筑细部控制等内容。

阿伦·雅各布斯到伯克利任教后的著作《伟大的街道》（Great Streets）和《观察城市》（Look at Cities）等也是基于旧金山城市设计实践的理论总结和升华，到现在仍然是城市设计行业的重要指导。

从旧金山湾看向太平洋高地区域
城市道路垂直于等高线形成了城市重要的景观，例如著名的花街。

旧金山城市街道
有轨电车与其他机动车共享道路空间，不影响其他机动车的通行。

有轨电车
有轨电车不仅是交通工具也是重要的旅游体验。

市区的停车楼

2～6层及地下为停车场，首层沿街空间价值最高，作为商业使用。照片右下角为车库出入口，尽量做到对沿街活力界面影响最小。

位于市民广场的周末集市

世博遗址公园中央水面

　　世博遗址公园成为市民休闲活动的空间。1915 年为庆祝巴拿马运河通航，在旧金山举办了巴拿马万国博览会，茅台获得金奖的故事发生在这里。

世博遗址公园景观

圣迭戈（美国）

SAN DIEGO (US)

不只有海军，还有通信与生物制药

北 ←

蒂华纳（墨西哥）

TIJUANA MX

落后也有活力

位于美墨边界的国境墙，左侧深色部分是围墙的阴影。左侧为美国，右侧为墨西哥。

→南

美：蒂华纳河以北美国侧道路街景
画面左侧为墨西哥方向，右侧为美国方向。（图片来源：谷歌街景）

美：美国侧城市街道场景
两侧以典型的美国郊区独栋住宅为主。（图片来源：谷歌街景）

墨：蒂华纳河以南墨西哥侧道路街景
画面左侧为墨西哥方向，右侧为美国方向。（图片来源：谷歌街景）

墨：墨西哥侧城市街道场景
两侧以混合功能为主。（图片来源：谷歌街景）

一堵围墙，两个世界。

　　卫星图中间红色虚线是美墨边境，也是时任美国总统特朗普提议修建国境墙的位置之一。北侧属于圣迭戈，但距离市中心约 20 公里，边境附近以大量自然生态和部分物流用地以及居住社区为主；南侧属于蒂华纳，紧邻市中心。由于通关的便利和成本的低廉，蒂华纳作为墨西哥第四大城市，也是美西的休闲购物中心和城市后花园。

美墨边界卫星影像（图片来源：谷歌卫星）

圣迭戈城市空间与市民日常

蒂华纳城市空间与市民日常

圣迭戈建筑
由于历史上西班牙的殖民统治，圣迭戈的建筑大多是西班牙风格，这也使其成为国内欧式风格住宅开发商重要的借鉴城市。

圣迭戈海滩酒店
酒店允许建设在滨海沙滩边，但严禁把公共空间私有化，沙滩必须保持开放，同时酒店的餐饮等配套服务可以供非住店游客享用。

蒂华纳革命大道
蒂华纳最繁华的商业型街道，远处拱门是城市地标。

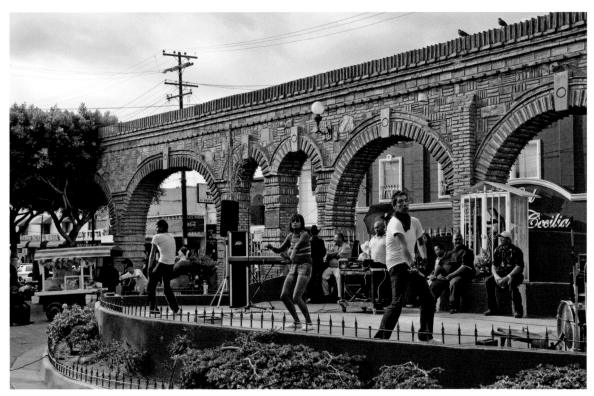

蒂华纳街头
随处可见的街头表演，洋溢着中美洲的热情。

加拿大

贾斯伯 坎莫尔
温哥华

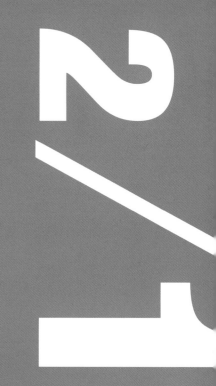

温哥华

VANCOUVER

▌温哥华主义

加拿大整个国家 3700 万人口，等于上海和苏州两个城市的人口之和，主要分布在南部五大湖区和圣劳伦斯河流域，其中多伦多、蒙特利尔和温哥华三个城市占国家总人口的 35%，而其首都渥太华人口只有 87 万。

"温哥华主义"（Vancouverism）。
对于城市设计师来说，加拿大几大城市各有特点，如蒙特利尔的地下空间，多伦多的文化多元，但从专业角度还是首先会想到这个单词。
"温哥华主义"是已故华裔设计大师谭秉荣先生的规划理念，其核心是在高密度的城市空间中通过合理的设计，创造宜居人性化的可持续发展空间。

从地图上粗略观看温哥华市中心整体布局，与曼哈顿、墨尔本或阿德莱德类似，以长条形的小密路网结构为主，并辅助芝加哥式的方格网，街道宽度约 20 米，机动车道宽度约 10 米，这也是近 200 年来除欧洲老城之外新城建设的经典模式。

但温哥华还有很多不一样之处。

与北美城市的无序蔓延（专业名词叫作"Spread"）不同，温哥华是一个紧凑、混合、人性化的城市。

20世纪70年代，温哥华只是北美一个普通的城市，但城市领导者和规划师有意识地改变其城市设计的方式。在北美其他城市居民越来越多地选择生活在郊区并通过高速公路连接市中心的时候，温哥华居民一直抗议在城市范围内修建高速公路，这使得温哥华成为北美唯一一个没有高速公路的城市。既然没有高速公路，那么城市设计师就想办法把城市密度提高，将工作和居住尽可能融合，并在城市空间中加强步行与自行车通行的舒适性，同时大力发展公共交通。现在，温哥华约50%的出行是通过公共交通、自行车或步行。

温哥华主义在城市设计中很重要的一个部分是"基座上的高楼"Towers on Basement），这与柯布西耶提出的现代主义"公园中的高楼"（Towers in Green）恰恰相反。在温哥华可以看到很多公寓住宅塔楼又被底层沿街连续的住宅包围。温哥华城市设计规定了塔楼的大小和位置，以保护空中的景观，在不遮挡山景的前提下创造了迷人的城市天际线。而建筑的中低层被要求为街道提供连续的人性化活力空间。塔楼为城市提供了足够的密度以支撑其基础设施的投资，基座为城市提供了人性化的街道空间。这与现代主义设计形成了鲜明的对比，现代"公园里的高楼"往往变成了停车场里的高楼，但你在温哥华很少看到停车场，这是因为停车场设计要求必须隐蔽或建在地下。

除此之外，在城市开发管理上，市政府向那些为城市贡献公园的开发商提供容积率奖励，这样使得开发商愿意建造更高的建筑来换取一个开放的公园，既有经济效益，又有社会效益。

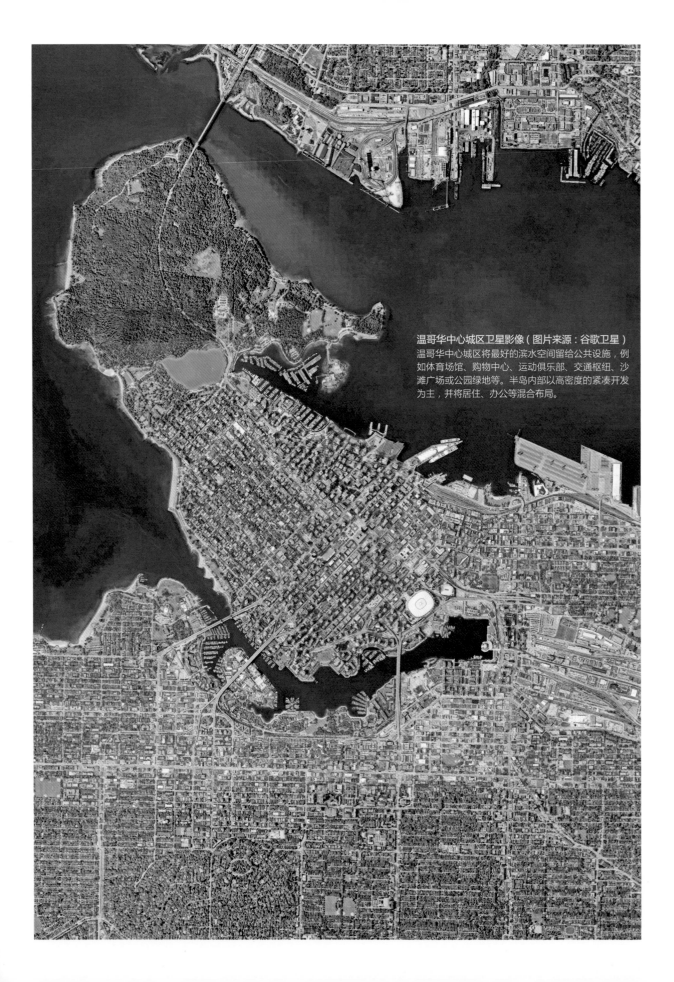

温哥华中心城区卫星影像（图片来源：谷歌卫星）

温哥华中心城区将最好的滨水空间留给公共设施，例如体育场馆、购物中心、运动俱乐部、交通枢纽、沙滩广场或公园绿地等。半岛内部以高密度的紧凑开发为主，并将居住、办公等混合布局。

温哥华城区（图片来源：谷歌卫星）
红色虚线框内居住建筑皆遵循"温哥华主义"设计原则，连续的沿街多层联排住宅与高层公寓相组合，形成外部街墙以及地块内部院落。

典型的"温哥华主义"住区街道空间（图片来源：谷歌街景）
沿街联排住宅形成连续的街墙，并朝向街道开口，后方则是高层公寓。

温哥华街景 1
窄而密的街道，连续贴线的街墙，店前空间完全留给步行。

温哥华街景 2
小转弯半径与街角店外经营区的结合，塑造有活力、人性化的城市公共空间。

温哥华街景 3
单侧双向自行车专用道在部分街区形成非机动车快速通行线路。

温哥华街景 4
不同时代与风格的建筑遵循相同的设计原则，保证街道公共空间的活力。

温哥华伯拉德购物中心

温哥华湾南侧的伯拉德购物中心采用广场和屋顶绿化的方式塑造城市公共空间，屋顶开放空间同时也抬高了视线，为欣赏湾区景色提供了更好的场所。建筑没有生硬的退蓝线，甚至屋顶悬挑到水面上方。

贾斯伯

JASPER

贾斯伯小镇街景
路边临时停车，路口缘石收窄，店外经营被允许在靠近建筑的一侧。

▌老火车站的重生

镇区建于 1822 年，位于国家公园核心位置，是一座因铁路而兴，因旅游而发展的小镇。现常住人口约 3000 人。

公共建筑沿靠近铁路的主干道（画面右侧）布局，开放式居住社区每两排成一组，外侧为交通性道路，允许路边停车；两排中间是安静的进出支路，不允许路边停车，但允许自己家院墙后退出停车空间。

　　部分路口（画面红色虚线标注部分）收窄以减缓车速并与路边停车相结合。收窄的路口利于步行过街。

俯瞰贾斯伯小镇

贾斯伯小镇街角休闲空间

公园里的游客中心
位于小镇中央公园的游客服务中心，由老建筑改造而成。

贾斯伯火车站
建于 1926 年的老火车站，目前仍在使用，从照片中可以看到新建的道路已经高于老火车站的首层标高。

木结构的古建筑现为商业零售使用
店前悬挂标志"仅允许停车 15 分钟"（15 Minute Parking ONLY），方便为购物临时使用停车位，但不许长时间停放。

俯瞰小镇街道及停车场
根据空间布局的三种地面停车方式，主路边车行较多的地方平行停车，支路边车行较少的地方垂直停车，停车场根据空间距离采用斜向停车。标注蓝色的为
无障碍车位，只允许带有无障碍标识的车辆停放，其他车辆停放最高罚款 250 加币，约人民币 1250 元。

坎莫尔

CANMORE

位于小镇路口的加油站
加油站采用木结构设计，加油区与零售区采用相同的屋顶结构。

矿区的转型

小镇在一百年前是一处煤矿，为太平洋铁路西段沿线供应煤炭。在经历环境脏乱、能源枯竭后，现以良好的生态环境依托旅游业获得重生。

坎莫尔小镇生活性街道
小镇街道港湾式停车与店外经营相结合。路边区域由商家选择可做店外经营也可做收费停车，但店前人行空间不得占用。

坎莫尔小镇商业区道路交叉口
繁忙的小镇十字路口采用四向斑马线设计，即专门为步行者留出一个相位的信号灯，照片中所有方向机动车全都红灯，但是四个方向的步行都可以通行。

小镇路口的缘石收窄人性化改造
从路口处红色铺装明显看出，缘石收窄是后来为了让道路更加人性化而改造的。

约霍与贾斯伯国家公园

YOHO & JASPER NATIONAL PARK

国家公园内的冰原天空步道
冰原天空步道（Glacier Skywalk）于 2014 年建成，设计灵感来源于美国科罗拉多大峡谷空中走廊，近年来国内也在景区兴建类似的玻璃廊道，例如，重庆花瓣廊桥、张家界玻璃桥等。

科学精细化的保护与发展

加拿大是世界上第一个建立国家公园管理机构的国家。

加拿大国家公园管理体制较早成型，并随着管理理念、国家财力及机构改革在不断创新。

加拿大并没有一刀切地采用禁建区的方式来保护国家公园，而是在保留原有社区乃至城镇的情况下不断加强保护，并调动各利益相关方"共抓大保护"，较好地处理了保护与利用的矛盾。

中国在《建立国家公园体制总体方案》中也明确提出

"最严格的保护是最严格地按照科学来保护"。

加拿大国家公园体制创新有三点可供借鉴：

(1) 管理理念、管理方式和管理体制与时俱进，且相关科研确保了这种演进成为长进，通过科学的方式进行精细化的保护与发展。

(2) 保护不是严防死守，而是在细化保护需求的基础上人为干预并进行合理利用。在很多时候生态系统也需要人为干预才能做到更好的可持续。

(3) 在基本保证财政支持为主的情况下采用多种方式形成多种资金来源，既提高效率，又避免了财政依赖型的懒政。

在 1885 年设立世界上第三座国家公园以来，加拿大在短短的 20 年间又新设了 5 座国家公园。1911 年设立全球第一个国家公园局，20 世纪 70 年代加拿大前总理克蒂迪安极力倡导生物地理学意义上的"国家公园系统"规划，极大地推动了加拿大的国家公园体系建设。

加拿大目前已拥有 46 个国家公园和 1 个国家城市公园，总面积超过 32 万平方公里，约占加拿大国土面积的 3.3%，其中多个国家公园被列为世界遗产。

位于高速公路上方的生态桥
高速公路穿越国家公园时，每隔一定距离就修建动物迁徙的生态桥。由于大型哺乳动物不喜欢幽闭空间，所以不会采用涵洞的方式，而是把桥设计得足够宽，坡度尽量缓和，种植尽量自然。

国家公园内的湖泊
国家公园中的雪山湖泊内，允许开展无污染的水上活动。很多时候适度的人为活动也是生态的一部分，但在节假日高峰的人流突破环境承载力时，也会在主要路口和门户信息网站提示公园限流。

国家公园内允许开展无污染的各种水上活动

传教山酒庄

传教山酒庄的建筑设计由美国 OSKAA(Olson Sundberg Kundig Allen Architects) 公司完成。

传教山酒庄（Mission Hill Family）被誉为全球十大最美酒庄

德国

汉堡

柏林

鲁尔工业区

科隆

德累斯顿

3/11

柏林

BERLIN

批判性重建
——施迪曼原则

正如德国跌宕起伏的历史，柏林这座城市充满了断裂、冲突和自发的戏剧性，并拥有无穷的活力和创造力。这座城市滋养了黑格尔和马克思，迎合过纳粹，同时也诞生了贝多芬、歌德、巴赫和尼采。

在"二战"中柏林市中心约80%的建筑被摧毁。战后又受两股势力的影响，西柏林开始了包豪斯风格的建设，包括宽阔的街道和摩天大楼；东柏林则以传统的古典主义为主并演化出苏联斯大林时期的大板楼建筑风格。同时，城市内关于现代与传统的争论持续不断。

这种状态直到1991年被柏林建筑城市发展部主管汉斯·施迪曼（Hans Stimmann）以"批判性重建"为原则明确下来后才得到改变。主要概括为以下几条：柏林历史上形成的道路肌理与建筑街墙应得到尊重并需要重建；建筑形象遵循古典的柏林式建筑，檐口线高度为22米；所有报批方案必须预留至少20%住宅用地（当时投资商不愿意投资住宅）。

批判性重建并不是复原历史，而是在尊重历史的基础上，依据柏林在工业革命时期建立起来的城市路网和空间格局，以新的建筑来重新占满和实现这种道路格局与街道比例。

车总站

柏林墙遗址公园

苏联风格规划

汽车工业区

亚历山大广场

菩提树下大街

东德时期苏联风格规划

勃兰登堡门

施普雷河

卡尔·马克思大道

波茨坦广场

柏林中心城区卫星影像（图片来源：谷歌卫星）

波茨坦广场是柏林的新中心，主要功能为商务金融办公并配套有居住，是公共交通为导向的城市发展（TOD）的典型区域。在这里生活和办公的市民更多地依赖地铁轨道交通出行，本区域私家车使用成本极高，因而变相地限制了区域的车流量。

1989年东西德合并后，德国政府决定迁都柏林并进行城市的大规模规划和建设。1990年，对波茨坦广场进行规划的城市设计竞赛邀请了包括雷姆·库哈斯等国际知名设计师的设计事务所参与。最终慕尼黑一家设计事务所中标，方案遵循城市原有的街区围合式肌理，并禁止建设高层建筑。

波茨坦广场规划除对街区肌理和建筑高度进行激烈争论外，另一个重点是功能混合。当时的开发企业很少愿意投资住宅项目，但政府为了保持区域的活力和多样性，要求投资商必须拿出20%的空间作为居住使用。

波茨坦广场街景

德国国会大厦

位于柏林市中心的德国国会大厦建成于 1894 年，体现了古典式、哥特式、文艺复兴式和巴洛克式的多种建筑风格，是德国统一的象征。国会大厦不仅是联邦议会所在地，更是知名的旅游胜地，建筑主楼与周边景观完全对外开放。

1992 年由福斯特建筑事务所负责的国会大厦改建，主要理念是用钢和玻璃包裹原来的结构并向北延伸连接施普雷河。照片中可以看到建筑上方新建的玻璃穹顶。

绿化带内隐藏的市政设施

城市景观大道上，利用绿化景观与下沉式地形处理的户外市政设施，解决了城市形象与经济造价的矛盾。

施普雷河上的临河一角
二级阶梯作为可淹没式商业空间处理，留出大量的公共空间与休闲设施给市民使用，虽非市中心地段但人气很旺。

俯瞰哈弗尔河
哈弗尔河上的俯视，老城新城的交界地带，滨河以公园或滨水商业
等公共空间为主，不允许围墙封闭式开发。

德累斯顿

DRESDEN

紧凑狭窄，但人气十足的社区休闲道路空间

精明收缩的最美小城

"谁没有见过德累斯顿，谁就没有见过美！"

——1749 年，《古代美术史》的作者、考古学家、艺术家温克曼先生 (Johann Joachim Winckelmann) 来到德累斯顿时，激动地说出这句话。

德累斯顿城区面积 328 平方公里，城市人口约 53 万，人口规模相当于中国普通县级市，但却被称为"易北河畔的佛罗伦萨"，是东德地区最为精致、宜居的滨河小城。

城市收缩后的产业转型。

德累斯顿是萨克森州首府城市，也是仅次于柏林的德国十大城市之一，曾经是东德的第二大城市。在经历了后工业时代的城市收缩后，城市建设资金被用于关闭或改造采矿、钢铁等企业，以减少污染，并更新排水系统，建设基础设施，重建教堂等城市地标，更新改造易北河沿岸景观。同时，引入新的汽车制造上下游产业，以及相关生产性服务业，并积极培育半导体和太阳能新兴产业。从而实现了由钢铁采矿等重工业向新型产业的成功转型。

修旧如旧的重建。

宏伟的宫殿、精美的教堂和器宇不凡的建筑物，让人很难想象德累斯顿是一座仅正式大规模重建了 30 年的城市。

德累斯顿的辉煌在 18 世纪，奥古斯特二世（Augustus II the Strong）长期将这里作为居住地，并热衷于城市建设，将德累斯顿打造成欧洲璀璨的文化艺术之都。在他的规划下，这座城市成为欧洲建筑、音乐、文化和艺术的明珠。

1945 年"二战"期间，盟军对德累斯顿进行了大规模的轰炸，将其夷为平地。"二战"后由于东德的政治环境，德累斯顿重建进展缓慢，实际荒芜了长达 45 年的时间。

直到 1989 年由艺术家、音乐家等知识分子组成的民间组织发起重建"公民倡议"，并在 1990 年 2 月进行了名为"德累斯顿的呼声"的演说，为圣母教堂及老城进行募捐。圣母教堂 12.9 亿欧元的重建预算中，三分之二来自捐款。于是，在 1992 年人们开始清理废墟，由于市民仍然不能忘记德累斯顿过去的辉煌，拥有坚定的恢复老城面貌的决心，所以重建制定了修旧如旧的原则。

和战后的柏林致力于全新的城市规划与新建筑建造的做法不同，德累斯顿人选择通过复原城市黄金时代辉煌的建筑来忘却战争对城市造成的创伤。重建过程中，德累斯顿人固执地利用残留的老照片进行原样复建，而且收集了轰炸后的碎石，并认真地把这些材料放在原来的位置。现在的德累斯顿除了有几处断壁残垣外，几乎所有的老建筑都得到了修复。

2020 年卫星影像（图片来源：谷歌卫星）

1944 年轰炸前（图片来源：谷歌卫星） 1953 年衤

源于网络）

德累斯顿城市卫星影像
（图片来源：谷歌卫星）

德累斯顿狭窄的步行街
市区狭窄的步行街，允许雨棚悬挑及店外经营

市中心有地面轻轨（S-Bahn）的街道
市中心 S-Bahn 轻轨站的普通街道。与道路同一个平面的轨道交通能快速提高公共
交通效率，但道路规划对机动车交通影响甚微，因而通过人行步道合理的连接，使
得街边商业人气很旺，公交出行方便。

精致且传统的步行街
具有观光休闲、零售购物、艺术表演等多种功能，文化艺术元素与西德城市有明显区别，更加拥有地域趣味性。

德累斯顿滨水空间
德累斯顿在滨水空间的典型做法是塑造双阶廊道，使滨水资源得以最大化利用，让市民通过多维角度与滨水互动。

汉堡

HAMBURG

**福舍劳市长的
新城计划**

汉堡，世界著名港口，德国北部的交通枢纽，
德国第二大城市和第二大金融服务中心，也是
德国新闻传媒与工业制造业中心。是除了美国
西雅图的世界第二大飞机制造区，生产空中客
车。城市人口约 175 万。类比一下相当于中国
的青岛，但比青岛更为精致。

汉堡是易北运河的出海口，德国通向世界的门户，是一座名副其实的水上城市。市内有数十条运河，为了方便出行，人们修建了大小桥梁 2400 多座，这个数字也使得汉堡成为世界上桥梁最多的城市。据统计，汉堡的桥比威尼斯、伦敦和阿姆斯特丹三座城市的桥梁总和还要多。

同样是在"二战"中遭到破坏的易北河畔城市，汉堡与德累斯顿不同的是，历史上这里属于西德，战后重建工作进展较快，现在能看到的大部分建筑是 20 世纪 50 年代建设完成的。汉堡自由港成立之时，大量仓库和工厂占据了市民的居住空间，海关的监管让市民出行不便，这造成了汉堡人对旧港区的疏离。

1988 年上任的福舍劳市长（Henning Voscherau）在推动了仓库城等旧城改造取得成效后，下定决心打破港区疏离的屏障。在他看来，柏林墙都可以推倒，汉堡同样不会被港口的屏障阻碍发展。并且对于汉堡这样一个商贸城市来说，城市活力和人口吸引是重要的竞争力。于是在 1997 年他宣布了港口新城的建设计划。港口新城将成为一个融合居住、休闲、旅游、商业，并具有水上特色、富有现代气息的新型城区。与内城、仓库城一起共同构成一个崭新的汉堡市中心，曾经港区的历史裂痕将被缝合。

汉堡港中心区俯视

画面左侧为仓库城，右侧为内城。空间开发集约紧凑，城市天际线错落有致，以教堂为地标制高点。道路组织简洁，除部分临时停车外，其余都在建筑内院空间与地下空间解决。跨河道路桥梁很多，避免了河道阻隔造成交通拥堵。

内城

仓库城

港口新城

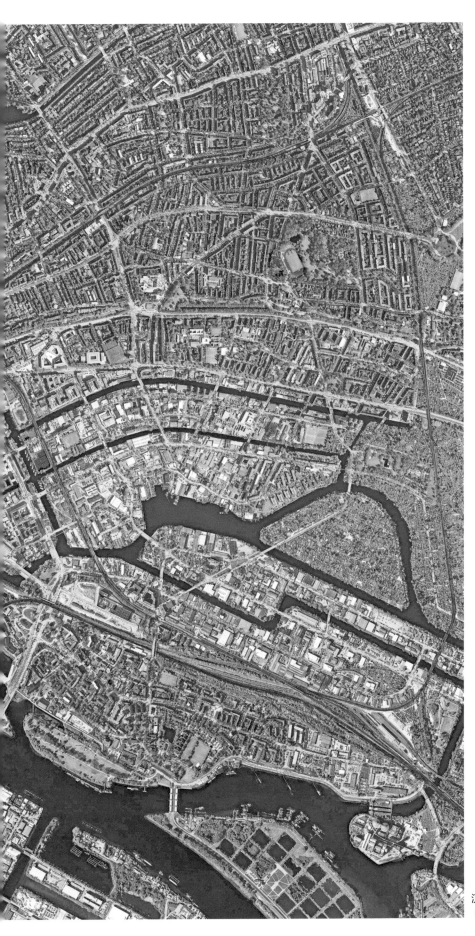

汉堡内城与仓库城卫星影像
（图片来源：谷歌卫星）

汉堡街景
汉堡沿铁路的微循环交通，以及临高速铁路的消极空间作为社会停车场以节约土地。

汉堡城郊工业区
产业建筑与配套建筑集约式开发，滨水空间保持开放。

《明镜》周刊总部是大体量集中式的地标型办公楼。停车以地下空间为主，仅有沿道路临时停车，不会出现办公楼前的大型集中停车场。稀缺的滨水空间不会被围墙封闭，而是向所有市民开放。

虽为小地块，但建筑有很高的贴线率和开放的街墙，以及便利的地下停车组织。建筑滨河不退线。

德国《明镜》周刊总部建筑

中央国会办公楼与沿街商业混合使用
建筑尺度较大但拥有很高的贴线率，底层为对外开放的商业服务和交通设施，虽然空间尺度较大但非常便利。

开放式大学内部支路
教师学生公寓区的支路，利用裙房连接塔楼并形成街墙，
设置路边小店及沿街停车，增加了支路的活力。

科隆

大教堂的古典与香水的时尚兼容

COLOGNE

科隆是德国的第四大城市，人口约 100 万，仅次于柏林、汉堡和慕尼黑，是一个繁华的商业城市，也是德国西部莱茵河畔历史文化名城和重工业城市。城市历史文化浓厚，工业发展强势，地处曾经的西德，传统重工业转型升级较为快速。

大教堂是科隆的名片。始建于 1248 年，由于各种原因，最初的工程只完成到唱诗堂封顶。第二期工程自开始共跨越了近五个世纪，幸运的是"二战"中在整个城市几乎被夷为平地的情况下，大教堂得以完整地保存下来。时至今日，已经没有人知道这座庞然大物的设计师，但可贵的是，在整整 632 年的修建历程中，它的图纸从来没有被改变过。就像这座城市的肌理虽然经历了战后重建，但仍然保持原有的街巷，环城绿带在第一次世界大战后由第一任市长阿登纳（Konrad Adenauer）坚持保留下来，如今也成为城市的一笔财富。

科隆又是一座时尚的城市，由于古龙香水的原因，"4711"是其代名词。科隆也是世界三大狂欢城市之一（另两个是美因茨和杜塞尔多夫）。

科隆大教堂广场夜市
科隆大教堂的广场是错时利用的，白天是公共礼拜集会广场，晚上作为夜市是市民的休闲购物空间，人气鼎盛。

科隆核心区卫星影像（图片来源：谷歌卫星）

科隆是名副其实的商业活力城市，社区道路上除公共交通便利外，在每个路口转角都有一处商业网点，沿街底商生活氛围浓厚，满足社区地块中的生活服务与居家日常购物休闲。

城市次要干道上，有轨电车、机动车道与人行道的典型断面。通过智能交通红绿灯合理有序组织交通。

城市干道也有高贴线率的沿街商业

有轨电车没有割裂街道生活

科隆大教堂边的小尺度商业街
多条这样的小商业步行街通向科隆大教堂，利用文化景点作为目的地和景观廊道，强化周边商业路径价值。

莱茵河上的客运船
莱茵河上的客运船，内部功能中商业空间占比例很大，设有特色市场、赌场、咖啡店、蛋糕店。船体不仅作为科隆与杜塞尔多夫的城际水上旅游交通，更是一个可移动的商业零售休闲目的地。

科隆街景
德国人非常喜欢在商业公共空间增加人与动物互动的休闲方式。

市中心轻轨与机动车混行的人车共享单行道，站台位于道路中间。

▍德国工业的心脏

鲁尔工业区是德国的心脏，也是世界曾经重要的工业区，其工业基础支撑了德国发动两次世界大战，战后又在西德经济恢复阶段和起飞阶段发挥过重大作用，鲁尔区工业产值曾占全德国的 40%，在德国经济中有举足轻重的地位。

鲁尔工业区突出的特点是，以采煤工业起家，随着煤炭的综合利用，炼焦、电力、煤化学等工业得到了大力发展，进而促进了钢铁、化学相关产业的发展，并在大量钢铁、化学产品和充足电力供应的基础上，建立发展了机械制造业。近年来通过产业结构的调整，又形成了以电子计算机和信息产业技术为龙头、多种行业协调发展的新型经济区。

鲁尔区实际是由密集的城市群构成，其面积 4593 平方公里，区内人口和城市密集，核心地区人口密度超过每平方公里 2700 人。区内 5 万人口以上的城市 24 个，其中埃森、多特蒙德和杜伊斯堡人口均超过 50 万。

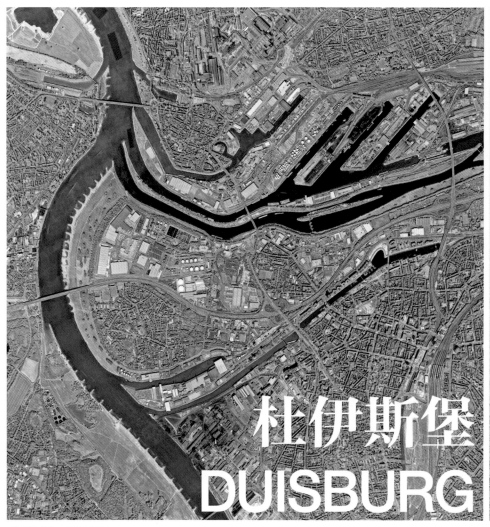

杜伊斯堡
DUISBURG

（图片来源：谷歌卫星）

埃森
ESSEN

多特蒙德
DORTMUND

热闹的鲁尔河岸

鲁尔河滨水空间，最大化向市民开放，二级可淹没式梯段布置，非洪峰时间设置外摆商业。休闲设施与防护堤结合，增加区域活力。

鲁尔河滨水景观

在滨水一级可淹没梯段中，放大绿化空间，设置慢跑道与户外活动草坪，给予临河空间最大化的利用。

鲁尔河上的小艇俱乐部

在淡水河中同样有适宜大众人群休闲的水上活动。

工业区改造后，建成了创意办公场地空间

改造后的鲁尔工业区

英国

伦敦

LONDON

▌大伦敦与伦敦城

提起伦敦，人们经常会听说大伦敦和伦敦城两个名字。伦敦城位于泰晤士河北岸，是英格兰最早的地方政府，面积约 1 平方英里，是伦敦的金融城，也是伦敦经济的心脏，国际领先的金融中心，拥有自治权和金融城政府。而大伦敦泛指约 1500 平方公里的伦敦都市区。

随着英国甚至欧洲的人口向伦敦集中，伦敦的城市建设不得不突破原有的城市天际线，建设了碎片大厦和"小黄瓜"等一系列摩天大楼。同时，有金丝雀码头、九榆新区和 TOD 模式的象堡新城的开发。这些开发实际上将伦敦变成了一个多中心城市。而相对密集紧凑的高层建设，实际上减少了市民的长途通勤，减少了碳排放。

泰晤士河及伦敦眼

位于泰晤士河边的伦敦眼，是为迎接千禧年而建，又称"千禧轮"，建成后成为伦敦地标和旅游打卡点。同时，也快速被其他城市借鉴，例如天津海河边的"天津眼"以及建成后又拆除的"巴黎眼"。

自伦敦眼俯视城区东南岸

泰晤士河南岸建筑更加亲水，没有机动车道的阻隔。画面右上方高层建筑集中区为伦敦九榆新区。是伦敦近年来开发的热点，中国开发商万达的首个海外项目 LONDON ONE 位于该区域。九榆新区在伦敦的位置和定位相当于上海的前滩。

圣保罗大教堂

伦敦城

伦敦塔桥

伦敦眼

象堡新城

九榆新区

泰晤士河

金丝雀码头

千禧巨蛋

伦敦城市核心区卫星影像
（图片来源：谷歌卫星）

俯瞰银禧花园

　　银禧花园（Jubilee Park & Garden）建于 1977 年，当时是
为庆祝女王登基 25 周年而建的。2005 年经过 West8 事务所的重
新设计，于 2012 年女王登基六十周年时开放。是泰晤士河边一个
具有活力的庆典公园和开放空间。公园对面的高层建筑为壳牌公司
办公使用，因而公园的建设资金得到了壳牌公司的支持。

考文特花园（Covent Garden）为伦敦市中心的主要商业街区之一，其建筑颜色丰富多彩，在英国色调单一的建筑中很有特色。街区内部仅供行人通行，部分饭店酒吧布置于店外经营。

　　考文特花园片区建于 18 世纪，作为伦敦历史最悠久的城市空间遗产片区之一，曾经是英国最大的蔬果花卉批发市场。20 世纪 80 年代经过改建复兴后，现已成为集手工艺品、剧院、古建筑、餐饮等多种元素于一体的活力街区。

考文特花园商业街

爱丁堡

EDINBURGH

爱丁堡城区人口约 45 万，但是每年八月初这里的人口要翻倍至 90 万，因为此时的一个重大节日——国际艺术节。即使在疫情肆虐的 2021 年，为期四周的爱丁堡艺术节仍然用一千万英镑的预算售出三千万张门票，创造了一亿八千万英镑的收益，这还没有计算酒店、餐饮、购物等其他附加收益。

同时，爱丁堡是苏格兰首府，政治、文化中心，也是英国仅次于伦敦的金融中心，曾在 1437-1707 年间为苏格兰王国首都。

在城市风貌方面，爱丁堡被称为"北方的雅典"。依山傍海的整个城市被一条铁路分成老城与新城。火车站北侧是新城，南侧是老城。1995 年，新城与老城共同入选世界文化遗产。

先有"城"后有"市"的老城。
城市的形成从来源力量影响度大致可以分为两种：出于军事、政治需要建造的卫城、城堡和战略要塞等生长出来的先有"城"后有"市"型，例如，北京、西安、大阪、温莎、雅典等；出于商贸、经济需要在交通节点或贸易中心逐渐形成的先有"市"后有"城"型，例如，广州、宁波、兰州、丹东、香港、新加坡、纽约、芝加哥。
公元一世纪，罗马人在这里占领了凯尔特人的家园，并建立了一座城堡，这座城堡历经沧桑后，到 14 世纪中期，逐渐发展形成被称为"苏格兰的巴黎"的城市。然而，随着城市地位的提升，爱丁堡的环境卫生问题却日渐严峻，被称为"狭窄的散发着臭气的区域"。于是，新城建设计划提上日程。

不新的新城。
名为新城，实际是相对于南侧老城而言，其实新城已经建成超过 200 年。爱丁堡新城的建设在 1766 年通过竞赛的方式正式开始，时年 21 岁的詹姆斯·克雷格中标。新城除居住用地外，还修建了两座教堂，建筑一律不准超过三层，东西长条形状的区域，由横贯东西，以国王、王室代表和王子名字命名的三条主要街道——乔治大街、汉诺威大街和王子大街组成。

现如今，不论老城的皇家英里大道，还是新城的王子大街，都以繁华的活力让这座古老城市得以重生。

爱丁堡新城

火车站

王子街

苏格兰皇家学院

皇家英里大道

爱丁堡城堡

维多利亚街

爱丁堡老城

爱丁堡城区卫星影像
（图片来源：谷歌卫星）

圣玛格丽特湖

亚瑟王座山

自王子街花园远眺爱丁堡城堡
爱丁堡城堡位于135米高的城堡山上，是城市制高点。
自王子街花园内喷泉附近可以清晰地看到城堡全貌。

自城堡山俯瞰爱丁堡全城
从位于山顶的爱丁堡城堡旁可俯瞰全城景观。城区以多
层建筑为主，制高点为教堂。半月炮台位于城堡上层，
至今仍保留每天下午一点准时发射榴弹炮的传统。

苏格兰皇家学院

以艺术著名并全年举办展览的苏格兰皇家学院 (Royal Scottish Acadamy) 位于爱丁堡新城王子街（Princes Street）。王子街也是爱丁堡著名景点，吸引游客和本地人。

老建筑围合形成的街道

城区老建筑得以充分利用，首层以商业为主。

爱丁堡城堡前广场

位于爱丁堡城堡（Edinburgh Castle）前的广场，广场内设少量临时停车位。正对的街道两侧建筑大多为古建筑，现用于酒店住宿、餐饮等商业用途。

皇家一英里（Royal Mile）大道
是爱丁堡老城区的核心街道，自中世纪就在使用。
古老的建筑立面遵循高贴线率的严格街墙设计，重新改造装修后的首层以商业为主。画面正对的是面向大众免费开放的教堂。

爱丁堡街景
公交站点位于道路交叉口，方便乘客过街，机动车通行限速 20，路边禁止停车。爱丁堡的道路普遍不宽，人流量较大的街道尽可能保证人行道宽度。

市区商业街
市中心人流量较大的部分商业街禁止机动车通行。

王子街花园（Prince Street Garden）
绿化丰富但空间通透，公园内布置可移动式长椅，草坪上允许人们休憩或举办小型活动。阻挡机动车的栅栏设计借鉴了古城堡的顶部。

商业街周边的小巷
位于核心商业街附近的狭窄小巷，两侧建筑距离很近但在地面行走没有压抑感。

劳恩玛卡特街（Lawn market）保留宽阔的人行空间
古老的雕像与繁华的街道相辅相成，造就了丰富的街景。街边有艺人进行苏格兰传统表演。

维多利亚街的沿街建筑
维多利亚街（Victoria Terrace）两侧被涂成彩色的老建筑让这里成为众多游客前来打卡的景点，同时也成为一些影视作品的取景点，如《速度与激情9》。
两侧均为沿街商业功能。

圣玛格丽特湖
亚瑟王座（Arthur's Seat）山下的圣玛格丽特湖（St Margaret's Loch）是野生鸟类重要停留地。其山水尽量保留自然状态，仅在路边行人能靠近的地方采
用石块加固岸线处理。

谢菲尔德

SHEFFIELD

▌钢铁之城的转型

1740 年，谢菲尔德人发明了质优价廉的坩埚钢，从而带动了城市工业的发展。1913 年，谢菲尔德人又发明了不锈钢，使谢菲尔德的钢铁产业迎来了第二春，随着钢铁需求的下降和其他国家、地区钢铁产业的发展，谢菲尔德逐渐失去了其作为钢铁之城的优势。

在失去工业优势后，谢菲尔德完善公共基础设施积极促进城市复兴并争取大量体育活动和赛事，建成了一批新的运动场馆。1996 年，英国政府授予谢菲尔德"国家体育产业城"的称号。

谢菲尔德同时也是世界著名的文化教育城。基于谢菲尔德良好的教育基础，其文化产业成为继体育后的又一支柱产业。同时，新兴的创意文化产业区也在落户，随之进入谢菲尔德的还有音乐和各种娱乐活动。

罗瑟勒姆

谢菲尔德   火车站

谢菲尔德与罗瑟勒姆的带型城市关系（图片来源：谷歌卫星）
谢菲尔德与罗瑟勒姆是典型的沿铁路与河流发展的带型城市，黄色虚
线为铁路，蓝色虚线为顿河。主要产业及公共功能区沿铁路与河流布
局。人们居住在地形较高的山坡上。

谢菲尔德老城区卫星影像（图片来源：谷歌卫星）
钢铁旧址已转变为 CIQ 文体产业区。

谢菲尔德北部城市风貌
自谢菲尔德摄政法院大楼（Regent Court）向北视角。照片右侧城市商业文体等主要功能沿顿河（River Don）在山谷中向北延伸，远处大型白色顶棚就是曾经由于体育比赛观众数量太多等原因发生踩踏事故的希尔斯堡足球场。居住主要分布于地形较高的山坡上，并有社区商业及公园绿地等公共设施。
近景联排住宅路口转角处建筑首层由居住功能改为商业使用。由于建筑密度较低，在行人和机动车数量较少的路口采用转盘式设计，不需要信号灯控制。

谢菲尔德图书馆和剧院前的广场
周围有酒馆、咖啡店和餐厅，可以看到圣玛利亚大教堂（St. Marie's Church），不同年代不同风格的新旧建筑相结合，但不是以仿古的方式。

市区街道上骑马巡视警察
骑马巡视是谢菲尔德的一道风景。照片路口处的设计采用路缘石收窄的交通稳静化做法，并安装明显的挡车柱。

谢菲尔德教堂街及有轨电车
谢菲尔德市中心的教堂街（Church Street），因地标建筑谢菲尔德大教堂（Sheffield Cathedral）坐落于此而命名。道路宽度相较其他商业街更宽，机动车与有轨电车混行。
谢菲尔德的有轨电车由最初钢铁工人的通勤电车改造而来。近年，经过优化设计的 Tram-Train（TT）方式有轨电车成为英国第一个能够和铁路列车共线运行和共站停车的有轨电车系统。

居住区内的街道采用交通稳静化设计
居住区内街道的减速设计，采用凸起的减速带并有明显的红色涂装，并且此处路边不允许停车。

The Moor 集市允许早餐车在特定时间运营

The Moor 集市是市中心的步行街
The Moor 集市位于谢菲尔德市中心，宽阔的人行道，不允许机动车通行，沿街有各式商铺，并有单侧风雨走廊。街道中间允许商贩搭建临时商棚作为店外经营区。

由政府投资建设的廉租公寓，同样采用院落式围合布局，公寓下有大面积绿化。

虽然谢菲尔德位于北纬 53°（相当于中国最北方黑龙江的漠河），但其住宅布局同欧美其他国家一样，不是必须正南北。

学校周边的大多数建筑被用作商用学生公寓（不在学校管辖范围内），公寓周边的开敞空间设置公共篮球场。

欧美国家的大学大部分与城市融为一体，城市街道直达校园内部，学校没有大门。

这与其居住区有相同之处，欧美国家很少见到有围墙封闭的居住小区。

围合式布局的廉租公寓

谢菲尔德大学边的商用学生公寓

秋天的落叶一般不会马上
进行清扫，只需要保证人
行道能够通行即可。

落叶本身也是
一道风景。

近年来，国内上海等部分
城市对落叶的管理也采用
类似方式。

人行道保留落叶作为景观

位于居民区的小型公园

147

约克

YORK

乌斯河滨水空间
乌斯河岸（River Ouse）的开敞空间同时也是鸟类的停留场所。河边栏杆采用更加开放式的设计。

英国最古老的城市

英王乔治六世曾说，"约克的历史，就是英格兰的历史"。自公元 71 年罗马人建立堡垒以来，约克在将近 2000 年的时间一直是北英格兰的首府。约克的历史建筑是这个城市的财富，也让其成为英国第二大旅游城市。城市内至今仍然可以看到中世纪的城墙和城门。在古城墙上散步成为当地人和游客重要的休闲方式。

著名城市纽约（New York）的名字起源于约克（York）。荷兰人当时命名的新阿姆斯特丹(New Amsterdam) 被英国远征军攻占后改名为新约克（New York），音译"纽约"。

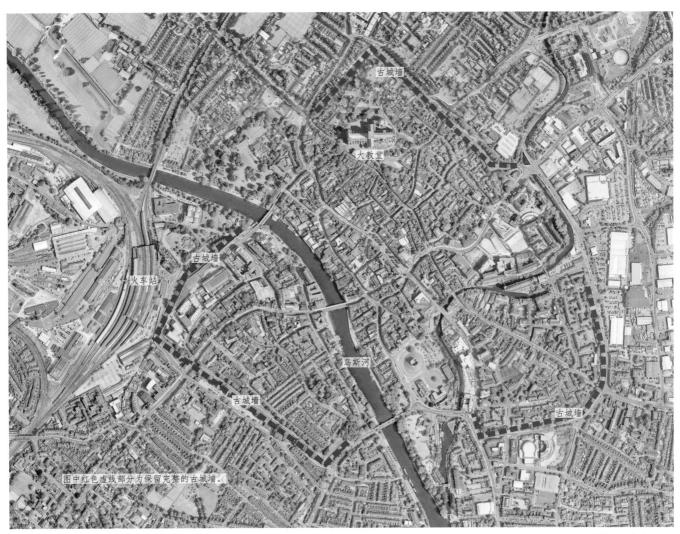

图中的文字标注：
古城墙
大教堂
古城墙
火车站
乌斯河
古城墙
古城墙
图中红色虚线部分为保留完整的古城墙。

约克老城卫星影像（图片来源：谷歌卫星）

流经约克的乌斯河（River Ouse）

河岸是重要的城市公共空间。像中国的江南水乡一样，大部分建筑亲水设置，形成人性化的滨水休闲场所。目前，国内的规划和规范对于滨水空间大多采用"一刀切"的蓝线控制，蓝线后还会有绿线，并要求新建建筑后退蓝线绿线。这让部分小河流的滨水空间尺度不够人性化。

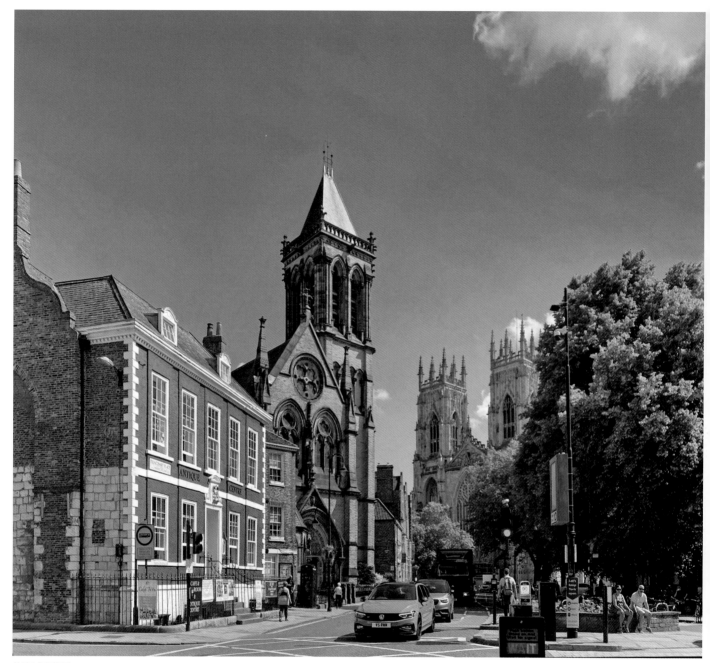

约克城市街景

约克城市内不同时期的建筑协调地混合在一起。右侧树后的乳白色建筑是约克大教堂（York Minster），是欧洲现存最大的中世纪时期教堂，也是城市地标。

自车站路向市中心方向街景
通往约克市中心的车站路（Station Road）跨河桥前的围栏是古城墙的延续。桥头堡作为餐饮使用。

利物浦 曼彻斯特 利兹

▎三城恩怨

足球只是三座城市关系的外在表现，他们之间的产业竞争由来已久。

利物浦和曼彻斯特

利物浦和曼彻斯特两座城市之间的竞争可追溯到英国工业革命时期。19 世纪初，利物浦和曼彻斯特都快速发展成了英国重要的工业中心，而利物浦是港口城市，曼彻斯特却是内陆城市。利物浦人眼中的曼彻斯特人是以制造业为生的蓝领，而利物浦人是以金融、航运为生的绅士。曼彻斯特工业所需的原材料都需要通过利物浦的港口才能抵达，但利物浦为了跟曼彻斯特竞争突然对曼彻斯特的进口商增加入关税，此举引发了曼彻斯特的不满。于是曼彻斯特不惜重金在墨西河的南侧开挖了一条约 40 公里长的人造运河，绕过利物浦直达入海口，这让曼彻斯特成了一个事实上的港口城市，直接威胁到利物浦的城市地位，两座城市之间的矛盾就此展开。

曼彻斯特和利兹

曼彻斯特和利兹的竞争加剧同样始于英国工业革命初期的产业竞争。当时曼彻斯特以棉织业为主，利兹以毛织业为主。在曼彻斯特开挖人造运河摆脱利物浦关税的剥削后，同时依托其丰富的煤炭资源，与利兹展开了纺织品的价格战。如此一来，曼彻斯特的棉织品直接冲击了利兹的毛织品市场，这让两座城市自 15 世纪的"玫瑰仇恨"更加加剧。

英国有句名言 "You hate who you fear"（你讨厌所害怕的）。正是三座城市之间的产业竞争和延伸到体育文化娱乐各方面的竞争，激励着他们勇往直前。

利物浦与曼彻斯特区位关系
（图片来源：谷歌卫星）

利物浦
LIVERPOOL

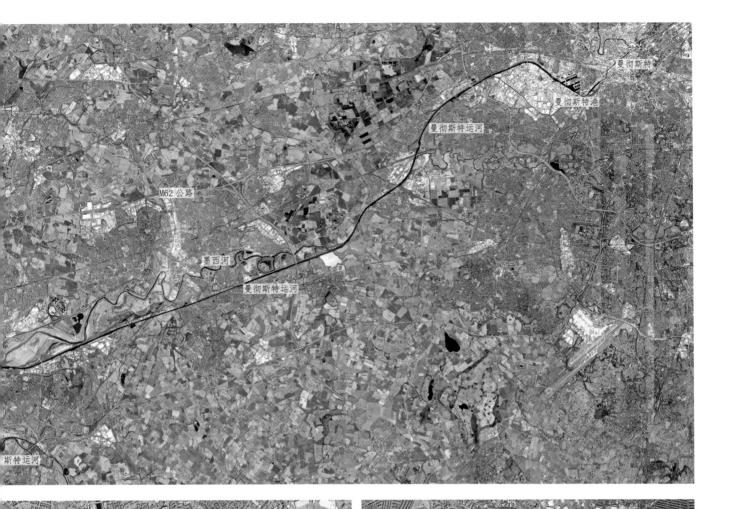

M62 公路

墨西河

曼彻斯特运河

曼彻斯特运河

曼彻斯特港

曼彻斯特

斯特运河

曼彻斯特
MANCHESITER

利兹
LEEDS

利物浦滨河广场上的披头士雕像

利物浦：作为接收爱尔兰人的移民城市，利物浦拥有多元的时尚文化。与曼彻斯特的严谨保守相比，利物浦更加自由散漫。在这种氛围下利物浦诞生了披头士乐队（The beatles），并影响了英国乃至世界的摇滚文化。

利物浦市中心的商业步行街

曼彻斯特公共广场的休闲活动

曼彻斯特中心商业区的 Exchange Square 公共广场是曼彻斯特市民休闲的重要空间。广场不大，但很精致，设置足够的座椅和规范的店外经营。相对保守严谨的曼彻斯特人更喜欢在工作后喝杯啤酒看看球赛的休闲方式。

欧洲城市的广场一般都会有四周商业或公共建筑形成的街墙围合，空间尺度不大但人性化十足。

利兹市中心的黑色王子爱德华雕像

利兹是英国重要的文化之都，每年都会举办各种文化节。城市中除建设大量文化场馆外，还在街头有随处可见的雕塑等公共艺术。

澳大利亚

惠森迪

布里斯班 黄金海岸

悉尼

阿德莱德

墨尔本

5/1

悉尼、墨尔本和布里斯班三大城市以 0.48% 的国土面积承载了 48% 的国家总人口，并创造了占比 43.5% 的 GDP。

这一看似特殊的现象，其实存在着普遍的规律，对中国各城市的发展非常重要。

目前的客观事实是，胡焕庸线东南以 43% 的国土面积聚集了 93% 的中国人口，并创造了中国 95% 的 GDP。

在同一经济体内，不论经济发展还是人口转移的客观规律都是向几大都市圈集中，尤其是在城市化率超过 55% 后，人口将加速呈现向都市圈转移的趋势。

而人口与资源的时空错配往往带来不利的结果。例如，对中西部人口流出地的建设用地指标供应，以及严格按照想象出来的"规划"配套，造成了大量空心村和没有生源的农村学校，同时在城市里的学校却人满为患。

我们需要解决的不是"大城市"而是通过科学地规划解决"大城市病"，并形成都市圈。

对于中小城市来说，需要抓住的是融入都市圈，与大城市共同形成城市群。对于远离都市圈的小城市，人口流出未必是坏事，因为只有人口流出，人均 GDP 才能得到保证，就像农村只有到大城市打工才能保证收入，最终留下少量的人口以第二产业的思维才能解决第一产业的问题。国土空间规划第三次全国国土调查数据显示，约 36% 的乡村人口却占了全国约 68% 的建设用地指标。很多农村已经出现严重的空心化，而目前部分区域的国土空间规划却仍然以机械式的"算数思维"不分层次地进行全面乡村振兴，这有悖于与城乡发展的客观规律。

除澳大利亚外，世界上几乎每一个国家，人口和经济都呈现出空间集聚的现象：

东京都的人口占日本总人口的 10.3%，东京都市圈的人口约占日本总人口的 30%，而面积仅占 3.5%；

韩国有 20% 的人口集中在首尔，若计算都市圈范围则占到 50%；

奥地利 20% 的人口集中在维也纳；

秘鲁 25% 的人口集中在利马；

开罗以埃及 0.5% 的国土面积创造了国家 50% 以上的 GDP；

巴西圣保罗和里约热内卢两个州以 3.4% 的国土面积贡献了整个国家 45% 的 GDP；

伦敦以 0.65% 的国土面积承载了英国 13.1% 的人口；

美国 80% 的人口集中在东海岸和西海岸约占 4% 的国土面积上，50 个州中 25 个人口最少的州人口占有率不到六分之一，然而整个国家的人均 GDP 并没有太多差别。

加拿大、印度、新西兰、法国……无一例外。

悉尼

SYDNEY

位于卡斯尔雷街（Castlereagh Street）的圣乔治长老会教堂（St. George's Presbyterian Church），建于 1859 年，此处教堂老建筑与新建筑形成强烈对比。

总跟墨尔本比较 的中心城市

在谈到悉尼和墨尔本之前，不论从故事的角度还是规划的角度，都绕不开一个叫"堪培拉"的地方，没错，它才是澳大利亚的首都，一个只有 30 万人口的城市。

悉尼和墨尔本聚集了澳大利亚近一半的人口，但关系却不融洽，这或许传承了英国罪犯流放地的特点，早在殖民时期两个城市就开始较劲。悉尼作为英国人开发最早的城市在18世纪率先发展起来。之后人们却在墨尔本发现了金矿，于是在19世纪60年代，墨尔本取代悉尼成为澳大利亚最大最重要的城市。不过随着矿产的枯竭，墨尔本的地位又被悉尼凭借优良港口和丰富的劳动力所取代。两个城市你追我赶互不相让，于是到20世纪初组建澳大利亚联邦的时候问题来了：首都选在哪里？两个城市依旧互不相让地扯皮了近10年，于是"聪明"的澳大利亚政府采用了折中的办法，在两地之间建了一个新的首都堪培拉（Canberra），当地土著语言的意思是"开会的地方"。

堪培拉的规划开始于1912年的城市设计竞赛。当时，霍华德"田园城市"的思想正在全世界流行，于是国会最终选择了来自美国芝加哥的景观设计师格里芬（Griffin）的方案。路网采用放射状与环状结合，形成壮观的大轴线，但现在看来

却成为最没有人气的地方；功能分区明确将行政、商业和居住分开，然后利用交通大动脉再次连接，却增加了交通距离使其步行不可持续；以树木和低密度的建筑为生态，但是形成了一个不够聚集的大乡村，导致公共交通都无法担负大部分客运交通量。

事实是，堪培拉没有成为一个足够吸引人的城市，除了行政工作外，大部分人们选择了墨尔本、悉尼或布里斯班。

游记作家比尔·布莱森（Bill Bryson）对堪培拉城市规划也讽刺道：

堪培拉：没有任何东西！
堪培拉：为何要等死？
堪培拉：到达其他任何地方的通路！

所以，从旅游角度可以看一下堪培拉的田园风光，但从城市规划的角度若要学习堪培拉的田园城市则会被贻笑大方，我们还是需要多看看悉尼、墨尔本、布里斯班或阿德莱德。

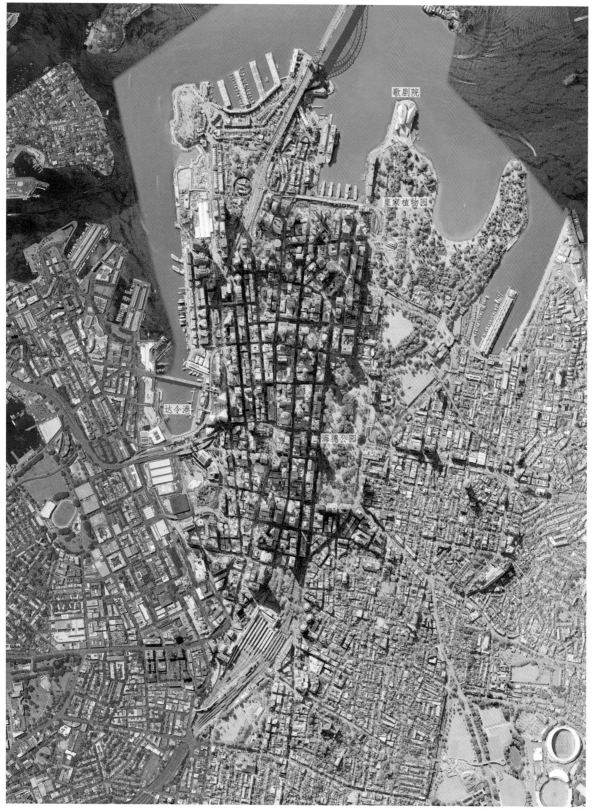

歌剧院

皇家植物园

达令港

海德公园

悉尼中心城区卫星影像（图片来源：谷歌卫星）

悉尼市中心具有活力的街道
建筑体量再大也要保证地面层的人性化设计。连续的风雨走廊与密集的店铺开口以保证城市街道的活力。

单轨穿行于悉尼市中心上方
单轨线路在街道上空从建筑之间穿过，没有对城市空间造成割裂，反而成为
一道风景。

拥有清晰路权划分的道路
清晰的自行车专用道及公交专用道划分，仅左转（右舵车辆为小转弯）允许
占用公交车道。自行车道左侧为路边临时停车。

澳新军团纪念馆
建于 1934 年的澳新军团纪念馆，位于海德公园中轴线南端，是海德公园的
标志性建筑之一，是为纪念一战中的澳新官兵而建设，其建筑前的镜面水
池也是纪念性建筑前常用的反省池（reflection pool）的设计，更大尺度的
应用有华盛顿方尖碑前的水池等。

自海德公园看圣玛丽大教堂
位于海德公园一侧的圣玛丽大教堂是典型的哥特式建筑，建于 1821 年，并因火灾于 1865 年重建，是澳大利亚规模最大最古老的宗教建筑。

自飞机上俯瞰车士活市中心
车士活是悉尼北部一个文化教育重镇。中心城区占地规模较小，但以高层高密度的方式紧凑布局，形成一个可步行的区域，这与周边无序蔓延的居住区形成强烈对比。

墨尔本

不愿跟悉尼比较的人文之城

澳大利亚的人口仍然在向墨尔本集中。墨尔本城市人口在 2018 年 8 月达到了 500 万的里程碑，成为全澳人口增长最快的城市，同时也是发达国家城市中增速最快的城市之一。为实现墨尔本繁荣、宜居和可持续发展的蓝图，维多利亚政府公布了《墨尔本 2050 规划》，堪称维州历史上最大的基础设施建设规划。

墨尔本是一个精致的人文城市。其城市核心区布局与欧美大部分新城一样，市中心区域采用小街区密路网的框架，建筑以高层为主，形成紧凑高效并可步行的城市中心。四周以低密度的多层建筑为主，严格控制建筑高度，但是地下空间却可以被利用到地下 6-7 层。

雅拉河将城市分为南北两个区。但是河流没有成为中心城区的阻隔或者边界，而是集中了大量的休闲活动和火车站、艺术中心、展览中心等公共建筑，成为城市活跃的中心。

州立图书馆
中央车站
国会大厦
菲滋洛伊花园
海港体育场
中心城区
联邦广场
南十字星火车站
福临德街火车站
板球场
雅拉河
奥林匹克公园
南岸新区
维州美术馆
矩形球场
会展中心

墨尔本中心城区卫星影像（图片来源：谷歌卫星）

雅拉河建筑界面
建筑退线不多，但首层以商业等开放功
能为主，防洪堤下设置亲水平台。

雅拉河边划船运动俱乐部
俱乐部紧邻水面，位于皇家植物园北侧。

街道空间以人性化的方式注重步行体验

这里有连续的风雨走廊，密集的商业开口，适当的休闲座椅。在没有划定沿街停车位的地方，所有停车必须进入地下或停车楼。

道路交叉口及对面的停车楼

两块板式城市道路，在路口收窄以减缓车速，并设置路边临时停车。对面为正在改造的停车楼，其中首层价值最大地方为商业，2-7 层以及地下为停车空间。

墨尔本街巷

城市街巷采用单行道，港湾式停车与缘石展宽过街斑马线相结合。二层以上采用架空连廊把不同地块的建筑连接起来。

位于墨尔本联邦广场附近的涂鸦街

涂鸦街是墨尔本艺术之都独特的风景线。涂鸦文化在欧美国家非常流行，是艺术大众化的一种方式。近年来在上海
M50、北京 798 等艺术街区得以实践，也有部分走进了山东诸城蔡家沟、浙江宁海等农村。

维多利亚国家图书馆被评为全球十大最美图书馆之一

维多利亚国家图书馆主入口外公共空间

墨尔本联邦广场

紧邻雅拉河和火车站的联邦广场于 2002 年建成启用，是澳大利亚结构最复杂的建筑项目之一。虽然该街区毗邻周边历史建筑，但以年轻时尚吸引点，其建筑设计采用了独特的超现实抽象主义风格，充满现代感的颜色和格调却也仍具有浓厚的土著文化影子。联邦广场是一个混合型多功能场所，包括剧院、商业、办公、画廊、工作室等。现已经成为墨尔本重要的开放空间和地标节点之一。

中心城区紧凑布局，四周公园环绕

最后一个精心规划的城市

阿德莱德

ADELAIDE

"地球上最后一个精心规划的城市。"——《纽约人》杂志对阿德莱德城市的评价。

阿德莱德是南澳首府，人口 130 万，与墨尔本一起连续多年被评为世界上最宜居的城市。其城市规划有很多地方值得研究。

1837 年，莱特上校选择阿德莱德作为南澳首府，并提出"公园中的城市"这一伟大蓝图。其规划的核心是：由托伦斯河把城市分为南北两部分，托伦斯河沿岸生态予以保护；城市平面呈网格状，由街道、台地和广场构成；城市内部紧凑布局，城市外部以公园环绕严禁商业开发。

阿德莱德近 200 年的城市建设一直是在这张蓝图的框架内，并逐渐动态修正。

北部城区

动物园

椭圆体育场

监狱

植物园

托伦斯河

医院

会展中心

阿德莱德大学

高中

右图放大部分

南部城区

公墓

环城公园

被公园环绕的阿德莱德中心城区（图片来源：谷歌卫星）

维多利亚广场周边城市肌理

托伦斯河两岸景观
托伦斯河位于南北城区中间，沿河以生态开放空间为主，水面有游船，滨水以生态为主，外围布局公共建筑。

环城公园景观
公园以简洁的方式为市民提供休闲场地。

不同时代的建筑遵循相同的设计原则
高贴线率，首层必须作为公共开放功能，允许对老建筑增加骑楼风雨走廊。

阿德莱德沿街人性化空间
沿街人行道被风雨走廊覆盖。商业店招
允许悬挂于风雨走廊上空，但严禁大面
积招牌遮挡建筑立面。

街道停车
有轨电车与机动车共享路面空间，路边停车采用港湾式布局。

沿街店铺
沿街利用港湾式停车伸出部分作为店外经营区以提升街道活力。

重视非机动车路权的道路设计

清晰的自行车专用道界定，并预留出路边停车开门的安全距离。自行车等红灯时允许停靠在机动车前面，实际情况是自行车起步会更快。这在中国很多城市虽然没有这样规划，但电瓶车也是这样行驶的。

阿德莱德大学外侧沿街绿地
其以开放通透的方式形成公共空间。

滨水建筑与防洪堤的结合
首层架空作为停车场，二层平面高于防洪堤提供更好的景观。

位于阿德莱德东侧的汉道夫小镇街景
汉道夫（Hahndorf）是澳洲最早的德国移民居住地，建于 1839 年。很多建筑虽然古老但仍然精致。

汉道夫小镇街道休闲场景
人行道外侧允许店外经营，步行靠近商业界面。

布里斯班

BRISBANE

老城更新很成功的城市

布里斯班（Brisbane），是澳大利亚昆士兰州首府，也是澳大利亚的第三大城市。布里斯班的城市街道呈棋盘式布局，这也是典型的欧美新兴城市的城市框架结构。稍有不同的是，其街道东西向以女性名字命名，南北向以男性名字命名。

近年，布里斯班与迈阿密、巴塞罗那等商业历史名城一道入围了新兴世界城市计划。

罗马街火车站

图书馆

文化中心

演艺中心

会展中心

南岸公园

中心城区

布里斯班河

植物园

布里斯班城市中心区卫星影像（图片来源：谷歌卫星）

布里斯班中心城区单行道典型场景
小转弯半径与无障碍过街设施结合，风雨走廊一直延伸到路缘石。

连续高贴线率的街墙，风雨走廊以及首层商业的通透性

路边临时停车与路口缘石收窄设计

黄金海岸

日本开发商带来的"后花园"

黄金海岸是澳大利亚东部沿海度假胜地，被称为"澳大利亚的后花园"。依托阳光、沙滩、海浪等良好的自然资源，建设了华纳电影世界、冲浪者天堂酒店、海洋世界等旅游度假项目。黄金海岸的爆发式增长是在20世纪80年代，日本投资商发现这个度假胜地并开始大规模买地建酒店后，黄金海岸由一个原本仅是度假的地方快速成为昆士兰州的第二大都市圈，也是澳大利亚第六大城市。

黄金海岸的高层建筑大多沿海岸线布局，内部反而以多层建筑为主。滨海不一定必须以低层建筑为主，经过设计的城市天际线也可以提升滨海景观。同时滨海建筑没有后退出大面积的防护绿地，而是以更加亲水的方式沿滨海路贴线。只有两车道的滨海路没有割裂城市与海岸的关系。

黄金海岸卫星影像
（图片来源：谷歌卫星）
黄金海岸滨海以高层建筑为主

滨海公园绿地及健身步道
其整体空间以开放通透的效果为主。

滨海旁的建筑
滨海以高层建筑为主，提供开阔的景观视野，同时充分发挥土地的经济价值。

公共沙滩处的无障碍通道
方便轮椅和婴儿车的通行，这是公共空间设计的强制性要求。

自北侧沙滩看黄金海岸丰富的天际线

惠森迪

自惠森迪载满游客出海的帆船
短途出海通常乘坐速度较慢的帆船

体验大堡礁不要去凯恩斯

大堡礁南北绵延 2000 余公里，大约是北京到深圳的直线距离。惠森迪和凯恩斯是大堡礁体验最成熟的两个地方。凯恩斯开发较为成熟，国外团队游客较多，但风景逊色一些。惠森迪更加原生态，出海大部分可以临时预约，澳大利亚本地自驾游客更多，唯一缺少的是热带雨林。

艾尔利海滩卫星影像（图片来源：谷歌卫星）
艾尔利海滩小镇（Airlie Beach）是惠森迪区域大堡礁的出海门户。小镇依山傍海，公共服务功能沿滨海路岸线设置，居住位于地形较高的山体处，建筑全部为低层。

出海是体验大堡礁这一世界自然遗产的最好方式。

通往大堡礁的帆船
为更好地保护环境，在大堡礁可供游客登陆的几个岛上，游船被禁止
靠岸。游船到达海岛附近后，人们再乘坐橡皮艇到岸边。

通往大堡礁的两栖飞机
除游艇出海外，两栖飞机是更快的选择。

心形礁是大堡礁中一处天然形成的珊瑚礁。

由珊瑚虫分泌的石灰质骨骼，连同藻类、贝壳等海洋生物残骸胶结在一起，堆积而成。

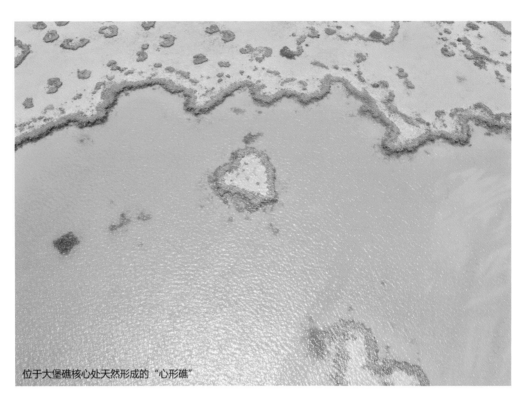

位于大堡礁核心处天然形成的"心形礁"

自直升机俯瞰大堡礁
直升机为俯瞰大堡礁提供了更好的视角。

白沙滩附近海域洁净，受到严格的保护
在保护区内不允许设置码头，大型船只无法靠岸。只能换乘橡皮艇接近沙滩。画面右侧为深水区停靠的帆船，画面中间为摆渡橡皮艇。

位于大堡礁深处的直升机升降平台
直升机海上升降平台，距离允许潜水点不远。在大堡礁中划出特定区域允许人类活动，进行浮浅、深浅等水下探险。

艾尔利机场航站楼外观
艾尔利机场是进出惠森迪的重要门户。在人口稀少的澳大利亚，艾尔利机场航站楼规模比中国的大部分长途客运站还要小。

位于白日梦岛（Daydream Island）的度假酒店
部分岛内有度假酒店。由于日本投资商较早开发的关系，建筑风格偏日式。同时又隐藏在树丛中，与山海相协调。

大洋路

最适合房车自驾的路线

澳大利亚的"大"除了体现在国土上，还有三个值得探索的"大"：大洋路、大堡礁和大石头。大堡礁和大石头的资源属性决定了其无可取代，而大洋路沿线还是有很多值得国内旅游线路学习的地方。例如，新疆伊犁独库公路、山东威海 228 国道等都有很好的潜力，但在设施和跨区域统一协调方面仍然落后。而世界上还有很多知名的支撑旅游业发展的类似线路，例如，中国台湾苏花公路，美国加州 1 号公路、66 号公路，加拿大 1 号公路，南非花园大道，挪威大西洋海滨公路等。

航拍大洋路沿线自然景观
大洋路为纪念一战士兵而修建，沿南太平洋双车道。
照片中车辆停靠处是沿大洋路在景点处专门为方便游客下车临时停靠而设计的。

大洋路

坎贝尔港

坎贝尔港小镇及大洋路沿线卫星影像
（图片来源：谷歌卫星）
坎贝尔港（Port Campbell）是距离"十二门徒"和"伦敦桥"
景点最近的小镇。小镇常住人口约 200 人，但节假日期
间流动人口往往超过常住人口。

在重要景观节点设置停留观景平台

位于大洋路沿线的"伦敦桥"景点
1990 年 1 月 15 日，伦敦拱桥与陆地相连的一个桥拱坍塌，两名游客被困在另一个桥拱上，后被直升飞机所救。在塌陷之前，此地理奇观因形似位于伦敦的同名建筑而被直接称为伦敦桥（London Bridge）。

大洋路沿线滨海住宅
住宅以玻璃、石材或木结构的现代方式融入自然。

洛恩小镇滨海道路
路口收窄及中间减速的安全岛，路边斜向停车，商业建筑少退线。

洛恩小镇滨海建筑立面
建筑的锯齿状后退了防止西晒。

瓦南布尔市的一家建筑设计事务所
由于采用建筑师个人终身负责制，欧美体系的建筑设计事务所一般规模较小，大部分 10 人以内，
但各专业事务所之间配合紧密。建筑事务所类似于牙科医生或者律师事务所的模式。

独栋住宅在征得邻居同意的情况下被允许作为办公使用。

建筑色彩可以多样化，但对招牌的面积比例和样式有限制条件。

同样是土黄色的主色调，但与城中村统一的外墙粉刷审美却有很大区别。图中两栋建筑由下图的建筑设计事务所改造更新，并负责后续维护。

瓦南布尔市沿街建筑立面更新

沿街商铺
在有沿街商业的地方采用港湾式路边斜向停车，人行横道处收窄并增加过街安全岛。

　　连续的沿街商业、风雨走廊、港湾式斜向路边停车和路口收窄，构筑了人性化的生活型街道空间。

典型的小镇街道场景

瓦南布尔市城市公园
瓦南布尔城市公园以开放的绿地和大草坪为主要活动空间，并规划有防灾救助场所。例如，2020 年因大火失去家园的市民可以使用公园内免费的天然气、饮用水及厨具等设施。

位于城市边缘交通性道路上的人性化过街设施
在步行使用者较少的郊区公路采用按键式信号灯，按下后在 15 秒内会变为绿灯。过街人行通道采用无障碍凸起设计，保持与两侧地面同一高度，方便通行并利于减缓车速。

大洋路沿线有大量冲浪训练场地

在欧美、东南亚和澳洲，冲浪是市民重要的运动。随着冲浪被列入奥运比赛项目，国内冲浪运动已经在逐渐开展。相信冲浪、滑板滑雪和攀岩等户外运动产业在中国将会有很大的发展空间。体育产业和全民健身需要以年轻人的思维向前谋划。2021年，16岁的中国选手曾文蕙获得东京奥运会滑板项目第六名。

大洋路内河入海口

在不适合滨海活动的地段，内河入海口成为市民休闲活动空间。

张贴于公共场所明显的卫生管理标志

罚款不是目的，但的确是最有效的城市管理手段。对动物友好但对宠物管理却非常严格，宠物随地大便最高罚款 125 澳币，约合人民币 600 元。同样对于交通违章罚款也是巨额。

澳大利亚中部的农场

以工业化的方式提高生产效率，一个家庭可以管理万亩农场，这是除种子科技外农业最大的竞争方式。

位于农场门口的自动售卖鸡蛋装置，下方为投币处

澳大利亚是一个信用体系建设较完善的国家，部分铁路站点只有售票没有检票，但是若逃票被抽查到，处罚非常严格。

农场主的房子兼民宿使用，作为农场主对外文化交流的方式

房车是探索澳大利亚这个国度的最佳方式

房车的发展需要与营地等基础设施的建设相吻合，这不是一两个城市可以完善的。随着老年人口的增加以及旅游度假的发展和生态环境的改善，相信房车未来在中国会有很大的市场。

以"懒惰"著称的澳洲文化对规则以机械式地绝对尊重

由于部分中国游客在红灯时发现并没有其他车辆通行，从而会闯红灯，所以照片中出现以中文标注的"红灯必须停"。

新西兰

凯库拉

瓦纳卡
皇后镇

| 瓦纳卡： 精致的旅游小镇
| 皇后镇： 度假天堂

凯库拉海岸的自然景观
新西兰以旅游业和畜牧业为主导产业。国土总面积 26 万平方公里，大小相当于中国广西，但人口只有 500 万，不到广西 5600 万人口的零头。

凯库拉的房车营地
房车是新西兰旅游的主要交通工具，各种类型的房车营地遍布整个国家。

小镇位于瓦纳卡湖边，群山环绕

瓦纳卡
WANAKA

| 精致的旅游小镇

瓦纳卡是新西兰南岛的一个湖边小镇，以精致的生活和旅游探险为特色，尤其以航空飞行产业为其特色。

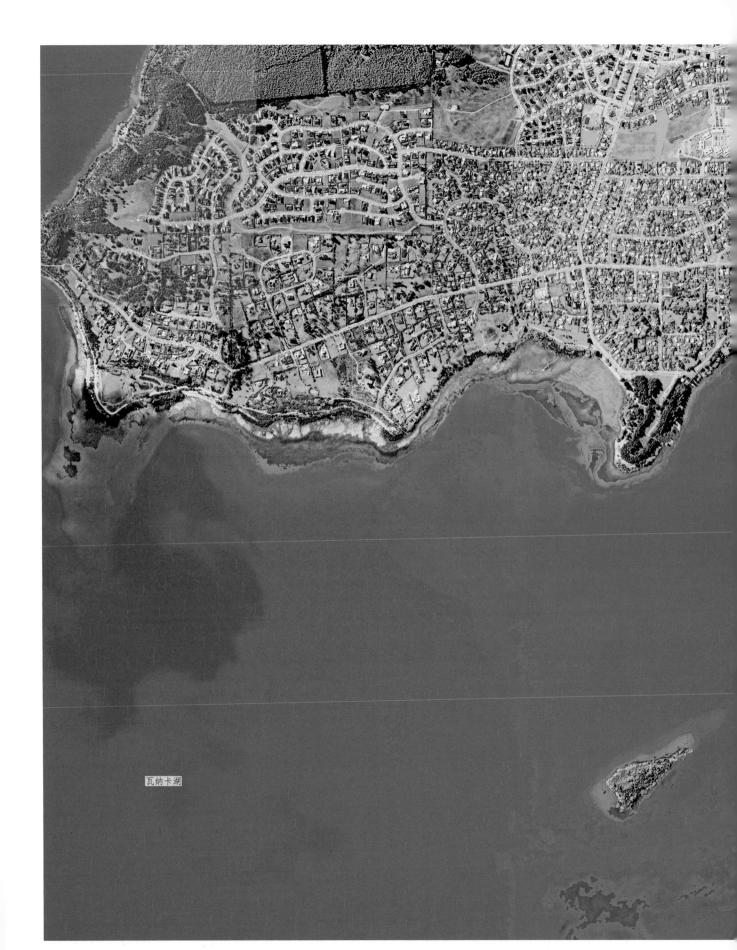

瓦纳卡湖

瓦纳卡湖

房车营地

瓦纳卡小镇卫星影像（图片来源：谷歌卫星）

"迷宫世界"
迷宫世界位于通往瓦纳卡小镇的路边，是一个通过视觉错觉形成迷惑照片的网红打卡景点。

瓦纳卡高空跳伞
瓦纳卡是世界最美高空跳伞地点，每两年举办一次飞行展览。
（该照片为跳伞教练代为拍摄）

通向瓦纳卡湖边的小镇街道
路口收窄以降低车速，两侧布局连续商业，路边临时停车呈港湾式布局。

常年积雪的库克山顶
库克山是新西兰最高峰，位于南阿尔卑斯山脉中部，其胡克冰川和塔斯曼冰川较为知名。库克山由于气候变化莫测，常年积雪，登顶难度较大。

瓦纳卡小镇
湖边的瓦纳卡小镇与自然山水融为一体，是名副其实的航空产业小镇。

库克山下村庄主要为旅游度假提供服务

从位于西部山顶的观景点俯瞰皇后镇全貌

度假天堂

皇后镇依托独特的自然景观，发展了蹦极、滑雪、跳伞、漂流等多样的运动，是极限运动特色小镇。

滑翔伞基地

服务中心

瓦卡蒂普湖

皇后镇卫星影像（图片来源：谷歌卫星）

山坡上的建筑和酒店
地形相对陡峭的山坡上以居住建筑和度假酒店为主。建筑风格多样而协调，与自然环境融为一体。

皇后镇瓦卡蒂普湖边的滑板场地是年轻人运动和交流的场所

"天堂"牧场
从皇后镇出发沿瓦卡蒂普湖北上到达一处叫作"天堂"的高山牧场，是电影《指环王》的取景地。

达特河与牧场
南阿尔卑斯山融化的雪水汇成了达特河（Part River），并滋养了这一高山牧场。

精致的、值得学习的地方

不得不说日本的城市建设是更值得我们学习研究的，原因有三：首先，在同样人地关系紧张、人口密度大的条件下，其城市建设能做到更加精致，这与欧美国家有很大不同。其次，东亚国家具有相近的文化与生活方式。例如，东亚国家更加注重群体而欧美国家更加重视个体。第三，差不多的经济体量诞生了相似的都市圈，例如，北京、上海可以与东京对比借鉴。

东京人口 3800 万，面积 2190 平方公里，都市圈面积约 13500 平方公里，机动车保有量大于 800 万。北京人口 2189 万，城区面积 1485 平方公里，市域面积 16410 平方公里，机动车保有量 564 万。与东京相比，北京人口总量只有东京的 57%，却出现了拥堵等大城市病。

大城市不是问题，大城市病才是问题。而我们目前规划的很多药方是解决大城市，而不是大城市病。

1983 年的北京总体规划提出，要把北京市 2000 年的人口规模控制在 1000 万人，然而三年后的 1986 年北京城市人口已经突破 1000 万；1991 版北京城市总体规划提出，2010 年北京常住人口控制在 1250 万，然而 2000 年第五次人口普查的结果已经是 1382 万；2004 版北京城市总体规划提出，2020 年北京总人口规模是 1800 万，然而 2010 年第六次人口普查的结果是 1961 万。非常遗憾的是，北京所有的配套设施都是按照"规划"人口而规划的。

纵有千万条理由来为过去的规划做解释，但仍然希望我们在未来规划时更有眼光。例如，当 1945 年《大上海都市计划》提出"在 50 年内（即 1996 年），上海的人口将达到 1500 万"的时候，中国当时的总人口只有 4 亿多，这是规划的眼光。

当前，在碳达峰和碳中和的目标指导下，中国的城市规划更应顺应城市化向都市圈集中的客观规律。

美国东北部小城佛蒙特（Vermont）的人口只有纽约的 1/13，人口密度是 26 人 / 平方公里，纽约是 10000 人 / 平方公里。但人均用电指标纽约是佛蒙特的 1/4，人均用水和固体废弃物排放也低很多。佛蒙

特的人均汽油消费量是纽约州的 3.5 倍，是纽约市区的 6 倍——都市圈的城市化可以降低碳排放。

欧文（David Owen）在《绿色城市》（Green Metropolis）中讲了这样一个故事。纽约副市长在谈到环保问题时，指出纽约的温室气体排放中 79% 来自楼宇，而全美的平均值是 32%，这需要提醒人们反思在大楼里的工作方式。但是，欧文反驳道，这正说明纽约是一个环保的地方，因为温室气体的排放主要来自工业和汽车尾气，纽约的楼宇排放比例高，正说明了纽约在汽车尾气和工业中的碳排放低，如果按照人均计算的话，纽约将是世界上最生态的城市。

亚里士多德说："人们为了活着而聚集到城市，为了生活得更美好而留在城市。"如今，不论生活在大城市还是小县城的人们，其命运并不完全在自己的手里，也并不是被生活的小城市所决定，而更多受城市化进程这一客观规律所影响。那么，城市化率到 60% 后的规律是什么？

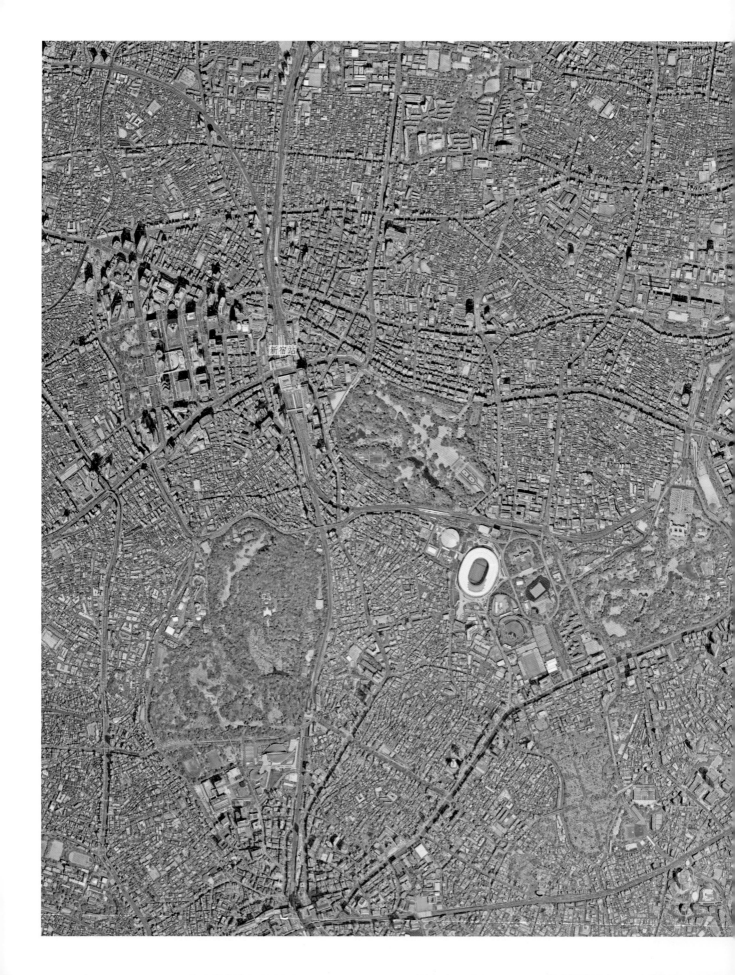

新宿站

东京是典型的多中心公共交通引导的 TOD 开发模式，围绕交通枢纽采用高强度的开发。卫星图上可以看到新宿站和东京站两个交通枢纽形成非常明显的城市中心。同时，沿主要道路两侧建筑高度也会高于地块内部，形成交通与商业活力结合的廊道。

东京局部卫星影像（图片来源：谷歌卫星）

东京表参道街道空间
东京表参道双向四车道，由于此处商业发达，故设置两侧路边临时停车并预留安全开门距离。沿街建筑退线少且有连续界面，为步行者提供舒适的环境。

大阪御堂筋街道空间
大阪御堂筋单行道采用主辅路的方式。在路网密度较高的前提下，单行道是提升交通效率的方式。

土地的私有化开发形成
了丰富的沿街建筑立面，统
一中体现多样。再高的建筑
也保持首层的活跃，并严格
按照贴线规则。

多样的建筑形成严谨又活泼的街墙

京都街道
京都的街道同样有电线杆、雨水管等难以入地的历史遗留市政设施，但整体空间干净整洁，体现出城市精细化的设计、施工与管理。

京都城市街角多样化的建筑立面

靠站的公交车
公交车靠站后车身会向路边倾斜，方便乘客上下车。

拥有独立产权的狭长住宅
由于土地产权关系及住房价格等因素，在日本人口稠密的城市中经常出现这种类型的住房，通常宽度在 2～5 米之间。

东京路口
人流较多的城市路口采用行人独立相位信号灯，步行者在绿灯时可以斜对角过斑马线。

风雨走廊与首层商业形成连续活跃的人性化界面

奈良东大寺
奈良东大寺距今约有一千二百余年的历史，是当今世界上最大的木造古建筑。

京都东福寺及园林景观

京都天龙寺庭院景观

京都东福寺与龙安寺的枯山水庭院景观

修复后的首尔光化门再现汉文牌匾

国家的一半人口
聚集在一个城市圈

韩国首尔都市圈人口在 2019 年约 2600 万，占韩国总人口的比例已经大于 50%。虽然首尔的房价物价对市民来说已经很高，但在没有户籍制度约束人口自由流动的市场条件下，人口向都市圈聚集成为必然趋势。

韩国

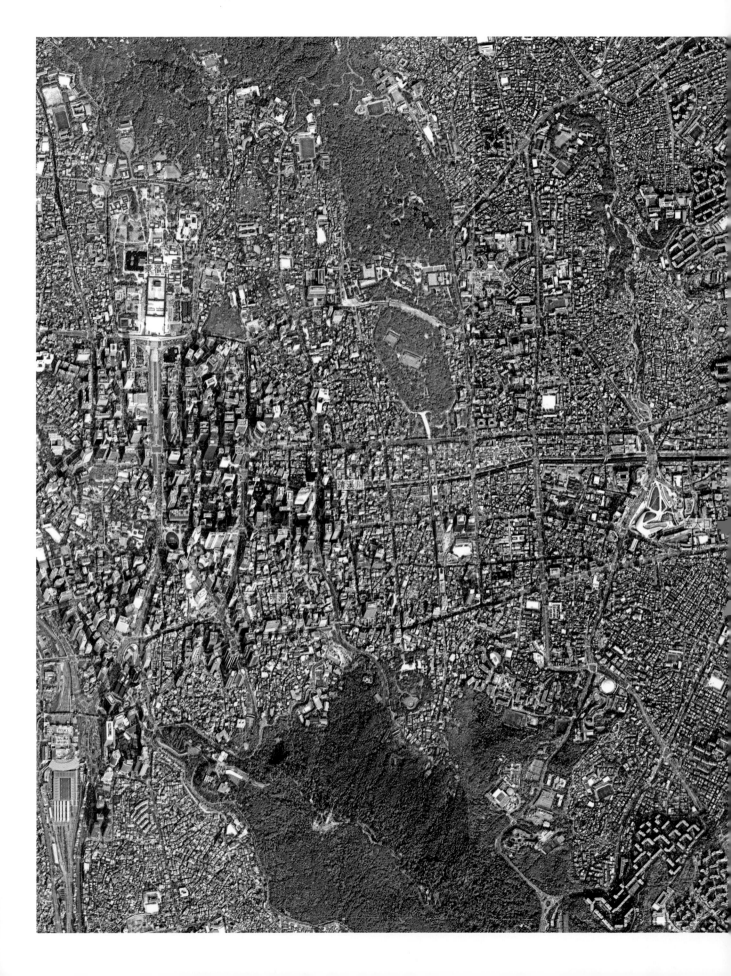

首尔除中轴线 CBD 区域采用小街区密路网的开发模式，其余的为混合开发模式，仍然有大量居住区式的开发。整个城市肌理比较多元，但大部分山体能够得到完整的保留。

沿汉江两岸新开发有大量高端住宅，其中江南区是典型的富人区。城市公共利益仍然无法避免被开发商侵占。

首尔市局部卫星影像（图片来源：谷歌卫星）

位于首尔市中心的清溪川改造工程

毫无疑问，清溪川是韩国近年来最成功的城市更新项目。通过对贯穿首尔市中心的河流景观的提升带动城市公共空间品质的升级。清溪川曾经是一条臭水沟，后来被填埋并在上面造了高架桥。高架为市民出行提供了很大的便利，但割裂了城市功能破坏了城市景观。于是在 2002 年，首尔市政府决定改造清溪川，拆除高架桥，开挖河道，还清溪川一个清秀怡人的面貌。

首尔高线公园

首尔高线公园位于火车站前，由于地面大多是超宽的主干道，架空层利于步行连接周边地块和楼宇。但因为空间密度和尺度以及与周边的连廊数量等关系，与曼哈顿高线公园相比，这里的活力仍然欠缺。

东大门广场

由知名建筑师扎哈·哈迪德设计的东大门广场，其总体施工质量略好于国内部分建筑，但精细化设计仍然不够，例如照片中的室内楼梯扶手。

两江道金亨稷郡的村庄及山脚下的玉米地

城市化的"大跃进"

规划专业对朝鲜最大的误解在于其城市化率。实际情况是，朝鲜的城市化率在20世纪90年代达到70%，但由于工业和农业机械过于依赖苏联，导致后来为了解决粮食问题不得不让城市人口再次回到农村，从而将城市化率降低到目前的60%。城市化率与经济发展的时空错配，对于一个经济实体是灾难。

朝鲜国家总人口约2500万，相当于上海城市总人口规模。

朝鮮

11/6

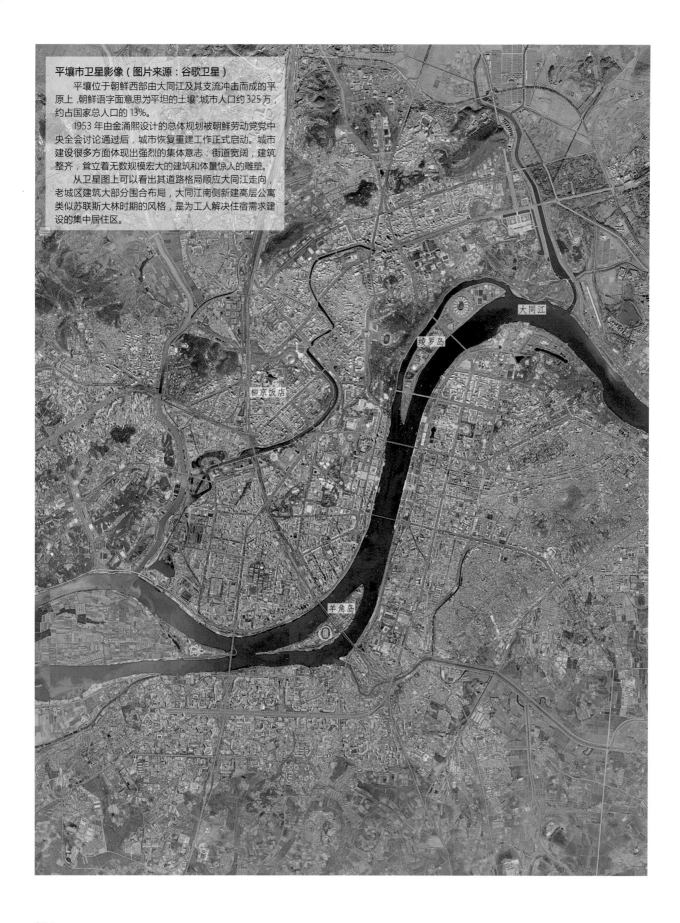

平壤市卫星影像（图片来源：谷歌卫星）

　　平壤位于朝鲜西部由大同江及其支流冲击而成的平原上，朝鲜语字面意思为"平坦的土壤"城市人口约325万，约占国家总人口的13%。

　　1953年由金涌熙设计的总体规划被朝鲜劳动党党中央全会讨论通过后，城市恢复重建工作正式启动。城市建设很多方面体现出强烈的集体意志：街道宽阔，建筑整齐，耸立着无数规模宏大的建筑和体量惊人的雕塑。

　　从卫星图上可以看出其道路格局顺应大同江走向，老城区建筑大部分围合布局，大同江南侧新建高层公寓类似苏联斯大林时期的风格，是为工人解决住宿需求建设的集中居住区。

大同江

绫罗岛

柳京饭店

羊角岛

惠山市

长白县

鸭绿江

长惠大桥

惠山市

朝鲜惠山市与中国长白县卫星影像（图片来源：谷歌卫星）

　　惠山市是朝鲜北部紧邻中国白山市长白县的高原城市，惠
山市青年铜矿储量位居亚洲第一，是一座因工业发展起来的边
境贸易城市。城市人口约20万。

　　卫星图中鸭绿江上方为中国长白县，下方为惠山市。可以
看出其城市建设相对落后，是一座沿江自然生长的带形城市。

鸭绿江边位于朝鲜一侧的山脉

　　除西侧滨海的平壤市周边地形平整外，朝鲜 80% 的国土面积为山地。大部分
山地较为贫瘠，少部分有生态自然的景观。自然风景虽然优美，但缺少旅游开发。

朝鲜传统村落

沿鸭绿江密布的哨岗与铁丝网

自南京东路远眺浦东

不只有外滩
和陆家嘴

中国·上海

由于建设规范和结构性价比的因素，上海的城市天际线明显呈现出三种状态：20年前建设的多层建筑；现代百米高层住宅办公；百米以上超高层酒店办公。这既不同于欧洲多层的低矮，又不同于北美的高层聚集。

同时浦东和浦西又明显呈现出两种规划的形态。与浦西的连续、复合、精致、多元相比，浦东核心区呈现出有高度没密度、可远观难融入的大尺度城市空间。

自环球金融中心远眺浦西

十年永康路：
行政管理与市场自发中的交替演变

  永康路是上海老城区一条支路，两侧弄堂居住条件较差，但街道空间尺度宜人。自 2009 年徐汇区政府第一轮的改造开始，我观察了这条小路十多年的时间。大致分为四个阶段：

  第一阶段，2008 年永康路作为临时菜市场使用，存在严重的占道经营（有别于店外经营，而是占据了整条道路）。后来根据居民的实际需求，区政府在北侧的复兴路新建菜市场，取缔永康路原来的菜市场，从而为街道品质提升提供可能。

  第二阶段，在占道菜市场清理后，随着政府的引导和市场发展的需要，永康路两侧的底商业态开始由原来面向小区居民的零售转变为面向全市年轻人和外国人的酒吧一条街。然而，街道虽然有品质和活力了，商业和居住的租金都提升了，但两侧居民却对夜间扰民投诉不断。

  第三阶段，在两侧居民的抗议下，政府不得不关闭了沿街的商铺。但随着商业的取缔，街道没有噪声却也冷清了，居民的房屋价值和租金都下降了。部分居民尤其是沿街商铺产权持有者对这一做法并不认可。

  第四阶段，在各方面利益的综合协调下，目前永康路允许沿街商业经营，但对夜间噪声有一定的要求。商业业态由酒吧转变为以咖啡、西餐、静吧、轻食为主的小资一条街。

2008 年 ①

2021 年 ①

2008 年 ②

2021 年 ②

2008 年 ③

2021 年 ③

2008 年 ④

2021 年 ④

2008 年 ⑤

2021 年 ⑤

2008 年 ⑥

2021 年 ⑥

上海武定路沿街生活场景
武定路是上海的一条老街。1996 年旁边的三和花园小区竣工后，把 7 栋楼中的三栋高品质住宅作为外销房销售，从而在此形成了外国人聚集区。武定路老街的商业也以市场自发的方式适应年轻人和外国人的生活消费习惯逐渐更新。但由于周边居民对夜间酒吧扰民的投诉，武定路的商业一直在市场自发与行政约束中更替演变。

田子坊
田子坊作为引导型开发的经典案例，把过去脏乱差的老弄堂改造成为城市名片。

韩国街夜市
将原有超大距离的建筑后退作为店外经营空间利用起来，激发区域活力。停车位再紧张也不允许停在店前。

夜晚雨中的韩国街夜市
虽然下着小雨，但沿街店外经营的夜市仍然人流如织。店外经营空间需要严格的管理与符合市场需求的设计引导，以发展夜经济并提升城市活力。

"幸福里"老弄堂空间改造
"幸福里"原属于上海橡胶制品研究所封闭的厂区，通过对原有工业建筑的改造更新，引入办公、商业等功能，提升城市公共空间活力。

大学路是街区式开发的成功案例
人行道外侧为道路红线，建筑后退 3 米空间允许店外经营，二层雨篷悬挑。

铁路轨道被改造为铁线公园

作为小型商业得到充分利用的高架下空间

街头公园的临时建筑
街头公园增加集装箱临时建筑，以便更好地服务市民。

外滩防洪堤下的商业、外摆及树阵广场
停车全部进入防洪堤下面的地下停车场。

黄浦江沿岸
沿岸开放平台为可淹没式设计，在常水位时候为市民提供更亲水的空间。

坝顶路上的自行车道和商业餐饮
陆家嘴滨江紧邻防洪堤，允许有商业型建筑。

南京西路
南京西路新建办公建筑被要求后退 20 米道路红线，但是后退空间不允许作为停车使用。

南京西路景观设计
景观设计以乔木和地被为主，视线通透。靠近建筑侧为步行为主的铺装。

徐汇滨江公共空间的夜晚
徐汇滨江滨水开放空间的改造在为市民提供了休闲场所的同时直接提升了滨江板块的土地价值。

开敞的公共空间是市民艺术表演的场地

为宠物爱好者划定的专属区域

徐汇滨江开放空间为演奏群体提供了交往空间

步行廊道下的街头篮球
利用低效闲置场地，街头篮球可作为半个球场。

攀岩墙
为儿童提供的攀岩墙，吸引了大量人群的活动。

虹桥滑板公园
滑板运动在国内将逐渐流行，城市需要为年轻人群提供必要的运动空间。

273

前滩郊野公园中的儿童活动设施
由于国家规范及安全问题，在部分
陡峭地方安装上了栏杆。

被禁止攀爬的攀爬墙

出于安全考虑，攀爬设施被关闭并由保安值守。

与欧美国家比较起来，我们的城市公共空间栏杆最多，不论是在街道上、滨水区域还是游乐设施中。

很多人认为栏杆的存在与国民素质有关，但实际很多时候可以通过设计避免。

例如，需要栏杆的道路应由绿化分隔，或者应该提供更合理的步行穿越方案；滨水区应设置掉落安全浅水区以替代栏杆，就像西湖一样；游乐设施在保证基本安全的前提下需要让儿童适当尝试摔倒或磕碰，并鼓励参与滑板、攀岩等极限运动。

这里叫"岛国"
更准确

印度尼西亚由 17000 多个岛屿组成，每个岛屿的自然景观、文化习俗、甚至语言都各不相同。印尼人口 2.65 亿，其中爪哇岛上人口超过 1.45 亿，约占总人口的 55%。从旅游角度除比较热门的巴厘岛外，其余旅游小岛人口稀少，是喜欢安静度假方式人群的更好选择。

印度尼西亚

在巴厘岛东北部靠近龙目岛海域有三个与世隔绝的小岛，常住人口只有几百人。为保护海洋生态环境，这里不允许使用任何机动车和电瓶车。岛内交通只有马车、自行车或步行三种方式。这里是著名的潜水胜地，但由于交通不便没有旅行团前往，游客以欧洲年轻人为主。

不允许机动车的小镇街道

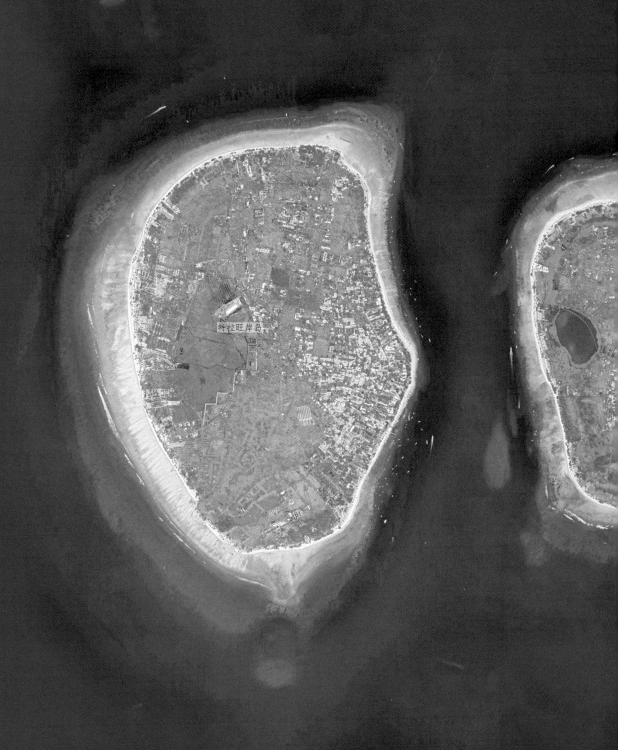

特拉旺岸岛

特拉旺岸（Gili Trawangan）、美诺（Gili Meno）和艾尔（Gili Air）三个小岛共同组成了吉利群岛。
（图片来源：谷歌卫星）

特拉旺岸岛面积约 3.3 平方公里，常住人口约 800 人。美诺岛和艾尔岛面积各约 1.7 平方公里，常住人口只有几十人。但在旅游旺季流动人口会超过常住人口。这里是欧洲游客重要的度假和潜水目的地。

艾尔岛

位于吉利特拉旺岸岛的度假酒店
特拉旺岸岛是吉利群岛面积最大的一个，环岛步行约需一小时，岛内常住人口接近 800 人，大部分为酒店服务人员。

乌布王宫

乌布是巴厘岛的艺术重镇，古代王宫建筑精致的石雕与传统文化结合。按照当地的风水，大门设计非常窄。在印度教婆罗门支的意识里有"门窄邪不入"的说法。

不得不说的是极限运动在国内起步太晚，也缺少运动氛围和场地。2021 年东京奥运会首次将滑板、冲浪、攀岩列入比赛项目，中国选手曾文蕙在滑板比赛中取得第六名成绩，而滑板起源于冲浪。

不论在欧美或是澳洲、东南亚，冲浪与滑板都是重要的民间体育活动，相信未来这一运动将在中国有广阔的空间。

冲浪是滨海重要的休闲运动

位于吉利梅诺岛的度假酒店
梅诺岛被限制开发，常住人口加游客通常也就几十人。图为适应热带气候的度假木屋，屋面材料为海草，中国威海或苏格兰乡村等也有部分传统建筑采用类似的材料，但由于气候不同，建筑模式也不同。

参考文献

1. 塔塔尼 . 城和市的语言：城市规划图解辞典 [M]. 李文杰，译 . 北京：电子工业出版社，
   2012.

2. 王军 . 采访本上的城市 [M]. 北京：生活 · 读书 · 新知 三联书店，2008.

3. 杰弗里 · 韦斯特 . 规模 [M]. 张培，译 . 北京：中信出版集团 .2018

4. 陆铭 . 大国大城 [M]. 上海：上海人民出版社，2016.

5. 亚历山大 · 加文 . 如何造就一座伟大的城市：城市公共空间营造 [M]. 胡一可，于博，苑馨宇，
   译 . 南京：江苏凤凰科学技术出版社，2020.

6. 珍妮特 · 萨迪－汗，赛斯 · 所罗门诺 . 抢街：大城市的重生之路 [M]. 宋平，徐可，译 . 北京：
   电子工业出版社，2018.

7. 阿兰 · B · 雅各布斯 . 伟大的街道 [M]. 王又佳，金秋野，译 . 北京：中国建筑工业出版社，
   2009.

　　　　本书航拍图来源于谷歌卫星及微软地图。照片由作者拍摄于 2008-2021 年间，车铮、
赵佳音、阮梦维、张雨柔亦有贡献。

后记

著名政治理论家本杰明·巴伯在他的著作《假如市长统治世界：国家的失效与城市的崛起》(*If Mayors Ruled the World: Dysfunctional Nations, Rising Cities*)中提出这样一个问题：如果由你所在城市的一把手按照现在管理城市的方式领导世界会是什么样子？疫情、科技、气候、宗教与战争……这些问题能否处理得比现在更好？

这里没有标准答案。但我们面临的问题很多已经和国与国的界线无关，反而国界有时候成了阻碍人类进步的壁垒。

但城市却没有。

那么，回到正题，城市是什么？

我们通常会从物理层面认知城市——上海的外滩和陆家嘴、巴黎的林荫大道、芝加哥的摩天大楼、京都的寺庙、东京的地铁——这是从旅游观光者的角度看。实际上，城市远比这些物理设施丰富。

城市是人的聚集。

是人这种有丰富情感的动物为城市这个物理的壳子注入了灵魂和活力。这看上去很明显，但目前的规划师、建筑师、城市管理者却在很多时候把重点放在了城市纯粹的物理特性上，没有更深入地思考这些物理特性与人的关系，以及这些人之间的互动。

老子说："凿户牖以为室，当其无，有室之用。故有之以为利，无之以为用。"人们在建筑空间中使用的是墙体与墙体之间"无"的部分，而不是墙体本身。因而，对于建筑师来说，必须关注建筑中被人们使用的"空"的部分，建筑不仅仅是一堆漂亮墙体的集合；对于城市设计师来说则必须重视建筑与建筑之间的空间，城市不应仅仅是散落的漂亮建筑的集合。就像建筑设计一样，在城市中，连续的建筑街墙塑造街道生活，脱离连续建筑的街道只能叫公路；围合的建筑界面促进广场活动，脱离建筑界面的广场只是空地。

以城市设计师的视角，经常看到建筑师在公众号发表令自己满意的作品，但却很少能找到他设计的这个建筑与人的关系，画面中只是从特定角度展现一堆孤零零的美化过的墙体，这或许是一幅很美的画，但这些"画"们未必能组成一个好的城市。这在城市设计的历史上有个专有名词叫作"纪念碑式建筑"（Monumental Building）。规划师在设计一座新城时，会以鸟瞰的方式提供一张按照美学元素构成的漂亮图案，为城市管理者绘制一道雄伟的天际线，但这只是钢筋混凝土的森林，也不能称之为城市。

城市建设容易运营难，尤其是在建设的时候只考虑远距离观看而没有考虑近距离使用者的情况下会更难。一座伟大的城市应该将人们团结在一起，为他们提供多样的工作机会和高品质的公共空间，促进人们互动，并由此激发创新思维，鼓励企业家精神和文化活动，从而创造财富及观念，而不是让人们过每天两点一线的无聊生活。

同时，从另一个层面理解，城市也是一个有机生命体。建筑是城市的"器官"，有着不同的功能和作用，道路与河流则是"血管"，连接各个器官并为之输送电力、自来水、天然气等营养，再把这些器官的污水、垃圾通过静脉输送至肾净化或排放。当然，就如人体一样，城市不是由一些零部件简单构成的机器人，而是有着复杂运行机制甚至有情感的自然人。健康的城市能够茁壮成长，体弱多病的城市则会经常出问题，甚至最后消亡。

在莎士比亚的戏剧《科里奥兰纳斯》（*Coriolanus*）中，罗马护民官西吉尼乌斯说"城市即人"；7世纪时塞维利亚（Seville）的圣人伊西多尔（Isidore）在描绘城市时说"城市是人而非石头"；卢梭认为"房屋只构成城镇，市民才构成城市"。

回到现在，疫情的蔓延和移动网络的快速发展让人们再一次产生了社会系统悬浮于世界的错觉，"元宇宙"的概念甚至被应用于现实的规划和建设，似乎眼前的一切不再被重力和物理空间所束缚。然而，就像邓巴数150定律已经深深地烙印在我们的大脑皮层上一样，人类经过千万年的进化仍然是群居性动物。网购代替不了路边烤串，轮胎取代不了双脚，手机游戏阻碍不了朋友相聚，作为有生命的人没有被带芯片的机器人取代，虚拟现实仍然不如眼见为实。那么，城市就仍然需要为人提供丰富而多彩的生活。

——那些没有满足"人"对公共空间最基本交往需求的地方只是盖了些房子，不能称之为"城市"。

哈佛大学著名经济学家爱德华·格莱泽（Edward Glaeser）说："城市是人类最伟大的发明。"

对于我这个城市设计师来说，观察城市是一件有趣的事。然而，由于疫情原因，不得不中断了连续十多年的出国考察。这样也好，可以不必计划下个假期去哪里，反而能够沉下心来翻看积攒的一百多个城市的影像。在排除掉网上随处可见的大众旅游景点后（不是说这些地方不好，而是大部分人都已经熟悉，就像上海外滩、芝加哥千禧公园、纽约第五大道、悉尼歌剧院或旧金山金门大桥等），尽可能深入当地的日常，记录并挑选出部分影像，以城市设计师的视角做个备注。这些影像不是摄影对城市的美化，不在于图片的美丑，甚至有些从摄影角度并不美，也没有一定的规律，只是记录一点客观的真实，顺便表达一点主观的思考。

本书内容介于业余和专业之间，原无出版计划，自行打印过百余本赠送朋友和客户相互交流探讨。友人阅后鼓励出版，一方面为过去的观察足迹和设计思考留个记号；另一方面如果能够抛掉一些理论或流行词汇换个视角抛砖引玉为城市设计带来一点启发，也算我在项目设计之余的微薄贡献。由于工作时间及受疫情影响，原本计划的去非洲和南美等还没去过的地方恐短时间内无法成行，于是整理了美加、英澳新、德日和亚太部分城市，它们分别代表了北美、英式、后工业国家和发展中国家的城市空间缩影，希望能够为国内的城市建设带来一点思考。

最后，还请原谅我在后续的影像解读中，写下了太多的"同"与"不同"，这可能缘于我职业的偏好，看城市总喜欢比较一下。"同"与"不同"相互依存共生，很多"同"中有"不同"，也有很多"不同"中有"同"。

这就像阿姆斯特丹或威尼斯的水街与中国的江南水乡，在除掉具有地域特点的建筑风格"不同"外，在空间尺度上是不是又有很多"同"呢？这是因为构成城市的"人"的尺度也是"同"的。

在观察"同"与"不同"之间，是否也可以眼界开阔一些思考更大层面的类比。例如，如果北京可以类比华盛顿特区，以文化与政治为特性；上海就是纽约，以经济与金融为主导；深圳就是旧金山，以科技创新为特色；广州就是洛杉矶，以商贸服务大城市群；武汉就是芝加哥，以中部制造而崛起；天津就是波士顿，借港口而发展；成都就是西雅图，以西部的休闲生活而吸引科技创新企业……

"同"与"不同"之间可能没有对与错，我本人的主观视角肯定也有偏差，但相信在喧嚣而浮躁的快速城市化进程中，这些影像漫谈如果能够抛砖引玉，让大家暂时忘却那些时髦的规划建设口号，冷静地思考一下城市的本质或许会有些意义。

王明竹

2022.07

图书在版编目（CIP）数据

影像中的城市设计：透过城市设计师的眼睛看世界 =
Urban Design in Photos——A Different World
Through the Eyes of A Designer / 王明竹著 . — 北京：
中国建筑工业出版社，2022.7
　　ISBN 978-7-112-27430-7

　　Ⅰ.①影… Ⅱ.①王… Ⅲ.①城市规划—建筑设计—
研究—世界 Ⅳ.① TU984

　　中国版本图书馆 CIP 数据核字 (2022) 第 093582 号

责任编辑：毋婷娴
书籍设计：付金红
责任校对：赵　菲

　　这是一本跨界的书，关乎城市设计、旅游与摄影。全书以图文并茂的方式，从设计师的视角，直观、幽默地解读了世界知名城市。本书贯穿了城市设计思想，但又不是以纯粹理论的方式展示城市设计思想。书中没有晦涩难懂的专业名词，而是将城市设计方法在照片中直观地体现，并在其中加入城市设计师的解读，以大众能理解的方式去描绘不同的城市空间。

　　本书合适城市管理者、规划师、建筑师和景观设计师学习参考，亦可作为城市设计领域的科普读物，以及旅游领域的游览空间解读。

影像中的城市设计——透过城市设计师的眼睛看世界
Urban Design in Photos——A Different World Through the Eyes of A Designer

王明竹　著
　　＊
中国建筑工业出版社出版、发行（北京海淀三里河路 9 号）
各地新华书店、建筑书店经销
北京方舟正佳图文设计有限公司制版
北京富诚彩色印刷有限公司印刷
　　＊
开本：880 毫米×1230 毫米　1 / 16　印张：18　字数：501 千字
2022 年 8 月第一版　　2022 年 8 月第一次印刷
定价：**228.00** 元
ISBN 978-7-112-27430-7
　　　（38997）